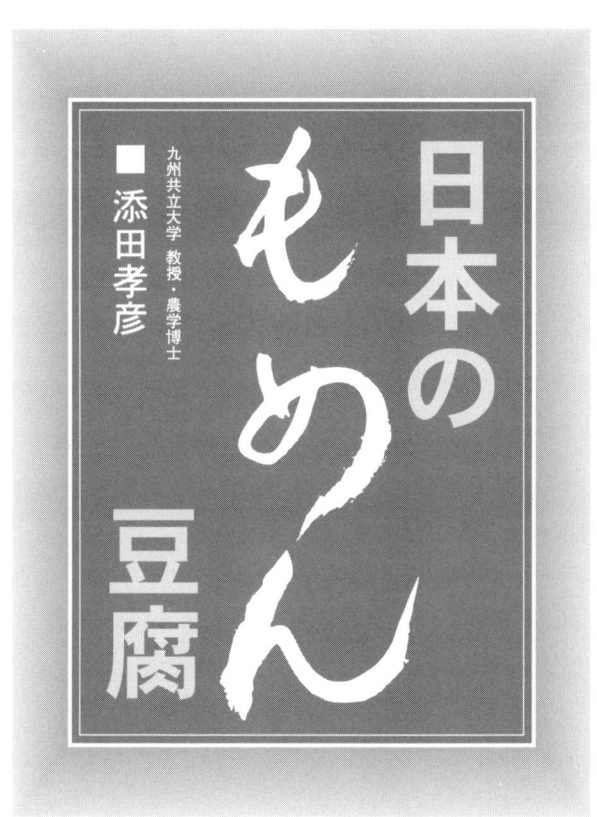

日本のもめん豆腐

■ 九州共立大学 教授・農学博士
添田孝彦

幸書房

はじめに

　大豆は畑の肉といわれるほど栄養価の高い食品であることはよく知られている．豆腐料理についてはテレビや雑誌での紹介が日常のこととなっている．特に最近，新しい豆腐メニュー，例えば豆腐グラタン，豆腐サンド，豆腐ステーキなど多数紹介され，女性を中心に人気を集めている．

　大豆は東アジアに起源を発し，中国，朝鮮，日本においてその加工品が利用されてきた長い歴史をもっている．現在では全世界で年間約1億5 000万トンを超える大豆が生産されている．最も生産量が多いのは米国であり，ブラジル，中国，アルゼンチンがこれに続いている．しかしながら，その主たる用途は大豆油の生産であって，最も生産効率のよい油糧作物としての価値が高く，大豆全粒，または脱脂大豆が直接人間の食品素材として利用されている割合は決して高くない．搾油後の脱脂大豆はこれまで主に肥料および家畜の飼料として利用されてきている．これは現在でも大豆の利用が豆腐および味噌，醤油などの伝統食品の域を出ることが少なく，かつ，その量の増加がみられないからである．

　大豆が含有する成分のうち蛋白質は栄養価に富み，多くの研究者が指摘しているように人間の健康保持に有用である．21世紀へ向けて世界人口が激増した場合，その需要に応える食糧生産に危機感が抱かれている今日，特に蛋白源を安定的に供給する手段が講じられなければならない．食品として重要なことは単に栄養的にみて良質であるというばかりでなく，安全かつ安価であるとともに消費者の嗜好に合ったおいしい食品に仕上げることができるかどうかである．この加工技術については森田雄平によって最近の大豆蛋白の研究動向として詳細にまとめられている（『大豆蛋白質』光琳，2000年）．その中で，わが国や東アジアにおける伝統食品を越えた新しい形態の食品素材を開発するための研究としては十分でないことを指摘している．

はじめに

　大豆食品の中で国民に親しまれてきた豆腐も健康食品であるという立場をとるならば，この国民の安全安心，さらに新鮮さのニーズに対応すべきであろう．新しいこれからの大豆加工技術を模索することは森田が指摘するように重要であるが，一方では伝統食品，特に大豆食品としての豆腐は既に現在でも消費者ニーズに適合した安価で安全で美味しく，かつ健康的であるという要素をすべて具備した食品の代表的なものであると考えることができる．

　最近，食に対する大きな潮流がみられる．それは遺伝子組換え技術に対する消費者の反対感情から生まれた食の安全安心への強い要望である．本書は安全安心および新鮮さを中心に豆腐の市場における実態についての調査および消費者の意識調査結果について幅広い視点に立ってまとめたものである．意識調査から健康にとってよいとされる豆腐の消費量がなぜ増えないのか，なぜ低下傾向にあるのかという疑問をもつが，今後の推移をみる必要があろう．

　消費者は食に対しては保守的な反面，新しいものに対しても受け入れる対応をみせる．外国では大いに日本食が評価されている時に，わが国では食の洋風化が浸透してきている．このような食生活の環境において豆腐の実態の動向を把握することは，将来の豆腐消費にとって大切であると考える．まず，生活者である消費者が何を考えているかを知ることは非常に重要な側面であろう．統計資料から，消費者が自分たちの食生活や食品に対してどう思っているか，何を課題と考えて食生活を送っているかなどの意識がうかがえる．何も昔のままの摂取形態で相も変わらず豆腐を食べようとは言っておらず，昔からの食べ方を越えて食のグローバル化の中で新しい摂食法を模索することに意義があると思う．そのため，まずは市販豆腐が現在どのような品質で，何が課題となっているのかを知ることは重要である．

　そこで豆腐の実態を調べるため豆腐の種類として木綿豆腐に絞って調査をおこなった．木綿豆腐を選んだ理由は昔から食されており，かつ，現在でも最も多く食べられている豆腐であり，歴史的および文化的にみても意味があると考えたためである．そこでこの木綿豆腐を国内各地から取り寄せて評価した．まず，商品の包装上に記載されている内容として原材料名，消費期限，賞味期限，重量，価格などを読み取り，さらに形状を実測，固形分，蛋白質

はじめに

濃度およびミネラル含量を測定した．豆腐の品質については，味・風味およびかたさを官能評価により，物性をレオメータを用いた破断試験により評価した．さらに，各地の豆腐メーカーを中心に聞き取り調査をおこない，豆腐製造に用いられている原材料や設備，製法について調査し，包装表示から得られた情報の補足情報とした．さらに，豆腐製造時に用いられている呼び方および包装表示に訴求されている表現についても調査をおこない，現在の豆腐についての総合的な情報を得ることができた．

ここで述べる木綿豆腐の地域調査は現代の豆腐の実態を知ると同時に，冒頭で述べた食の安全安心および新鮮さに対する現状を整理することができ，豆腐がこれまでどのような変遷をたどってきたか，さらにこれから将来に向けてどのように変化していくのかを予測する上で貴重な資料が得られたと考えている．この調査によって得られた知見を活用して，これから豆腐が消費者に受け入れられるための品質はどうあるべきかを考える1つの切り口としていただけることを切に願っている．

2004 年 10 月

添 田 孝 彦

目　　次

第1部　日本の木綿豆腐

第1章　大豆および豆腐の生産量 ……………… 3

1. 大豆の生産量 ……………………………………… 3
2. 豆腐の生産量 ……………………………………… 4
   - 2.1　市　場　規　模 ………………………………… 4
   - 2.2　豆腐購入金額 …………………………………… 7
   - 2.3　豆腐摂取量 ……………………………………… 7

第2章　豆腐に関する消費者意識 ……………… 11

1. 健康に関する意識 ………………………………… 11
2. 食生活に関する意識 ……………………………… 13
   - 2.1　食生活の満足度 ………………………………… 13
   - 2.2　食生活の課題と改善点 ………………………… 13
   - 2.3　食品を購入する際の基準 ……………………… 16
   - 2.4　食生活の将来 …………………………………… 17
3. 豆腐に関する意識 ………………………………… 17
   - 3.1　豆腐への要望と購入基準 ……………………… 18
   - 3.2　喫食頻度と摂取量 ……………………………… 19
   - 3.3　表示に対する意識 ……………………………… 20
4. 味噌汁に関する意識 ……………………………… 21
   - 4.1　豆腐料理と味噌汁の具材 ……………………… 21

| 4.2　味噌汁の飲用頻度 ………………………………………… | 25 |

第3章　豆腐づくりと話題の豆腐屋さん ………………… 27

1.　大豆の産地と品種 ………………………………………………	27
2.　現代の豆腐製造法 ………………………………………………	27
3.　豆腐製造メーカーの数 …………………………………………	30
4.　今，話題の豆腐屋さん …………………………………………	30

第4章　木綿豆腐の原料・製法・品質に関する地域性 …… 37

1.　調　査　方　法 …………………………………………………	37
2.　包装表示から読みとれる情報 …………………………………	39
2.1　原　材　料 …………………………………………………	39
1)　原料大豆 ………………………………………………	39
2)　凝　固　剤 ………………………………………………	44
3)　消　泡　剤 ………………………………………………	45
4)　水 ………………………………………………………	46
2.2　重量・形状 …………………………………………………	46
1)　重　　　　量 ……………………………………………	46
2)　形　　　　状 ……………………………………………	48
2.3　価　　　　格 ………………………………………………	49
2.4　日持ち（賞味期限）…………………………………………	53
3.　成　分　組　成 …………………………………………………	54
3.1　固　形　分 …………………………………………………	54
3.2　蛋　白　質 …………………………………………………	55
3.3　ミネラル …………………………………………………	55
4.　味と食感に関する評価 …………………………………………	59
4.1　味と風味 ……………………………………………………	60
4.2　食　　　　感 ………………………………………………	63

目　次

```
　　　1）　官能評価による豆腐かたさ ……………………………… 63
　　　2）　レオメータ測定によるゲル物性 …………………………… 64
　5．聞き取りによる調査 ……………………………………………… 69
　　5.1　原材料と製法 …………………………………………………… 72
　　　1）　原　材　料 …………………………………………………… 72
　　　2）　製　　　法 …………………………………………………… 73
　　5.2　設備と道具 ……………………………………………………… 75
　　　1）　豆腐製造装置 ………………………………………………… 75
　　　2）　道　　　具 …………………………………………………… 80
　　5.3　豆　腐　料　理 ………………………………………………… 81
```

第5章　豆腐製造時に使われる用語・呼称 …………………… 87

```
　1．調査方法 …………………………………………………………… 87
　2．豆腐製造時の用語・呼称の実態 ………………………………… 89
　　2.1　原　材　料 ……………………………………………………… 89
　　　1）　大　　　豆 …………………………………………………… 89
　　　2）　水浸漬大豆 …………………………………………………… 89
　　　3）　凝　固　剤 …………………………………………………… 89
　　　4）　消　泡　剤 …………………………………………………… 89
　　　5）　水 ……………………………………………………………… 89
　　2.2　中間品および製品 ……………………………………………… 90
　　　1）　呉 ……………………………………………………………… 91
　　　2）　オ　カ　ラ …………………………………………………… 91
　　　3）　豆腐凝固時の上澄み ………………………………………… 91
　　　4）　豆　　　乳 …………………………………………………… 93
　　　5）　豆　　　腐 …………………………………………………… 94
　　2.3　道具および装置 ………………………………………………… 94
　　　1）　こ　し　布 …………………………………………………… 94
　　　2）　撹　拌　棒 …………………………………………………… 94
```

3）凝固箱 …………………………………………………… 94
　　　4）豆すり機 ………………………………………………… 94
　　　5）釜・タンク ……………………………………………… 97
　　　6）オカラ分離機 …………………………………………… 97
　　　7）豆腐脱水機 ……………………………………………… 97
　　　8）豆腐切断機 ……………………………………………… 97
　　2.4　作業操作 ………………………………………………… 97
　　　1）豆を水でふやかす ……………………………………… 98
　　　2）豆をすりつぶす ………………………………………… 98
　　　3）オカラを分離する ……………………………………… 101
　　　4）加熱する ………………………………………………… 101
　　　5）凝固させる ……………………………………………… 101
　　　6）熟成する ………………………………………………… 101
　　　7）型箱で成形する ………………………………………… 101
　　2.5　その他 …………………………………………………… 102

第6章　包装表示にみる商品訴求の文字表現 ………………… 103

　1.　調査方法 …………………………………………………… 103
　2.　訴求表現の実態 …………………………………………… 104
　　2.1　原材料 …………………………………………………… 104
　　　1）大豆 ……………………………………………………… 104
　　　2）凝固剤 …………………………………………………… 104
　　　3）消泡剤 …………………………………………………… 106
　　　4）水 ………………………………………………………… 107
　　2.2　製法，品質，商品名など ……………………………… 107
　　　1）製法および形態 ………………………………………… 107
　　　2）味・風味および食感 …………………………………… 108
　　　3）豆腐および豆腐料理 …………………………………… 109
　　2.3　機能特性，日持ち，安全安心など …………………… 110

1）栄養機能 ……………………………………………… 110
　　　2）日持ちおよび新鮮さ ………………………………… 111
　　　3）安全安心 ……………………………………………… 112
　　　4）その他 ………………………………………………… 112
　　2.4　地名が冠された訴求表現 ………………………………… 114

第7章　これからの豆腐の姿 ……………………………………… 115

　1.　社会変化と食のあり方 …………………………………………… 115
　2.　豆腐の現状と将来のあるべき姿 ………………………………… 116

第2部　豆腐の食文化と大豆の機能研究

第1章　豆腐を中心とした東アジアの大豆食品 …………… 123

　1.　大豆食品概要 ……………………………………………………… 123
　2.　豆腐の食文化 ……………………………………………………… 125
　　2.1　中　　国 …………………………………………………… 125
　　2.2　日　　本 …………………………………………………… 125
　3.　納豆・味噌・醤油・乳腐・テンペの食文化 ………………… 130
　　3.1　納豆の食文化 ……………………………………………… 130
　　3.2　味噌・醤油の食文化 ……………………………………… 133
　　3.3　乳腐の食文化 ……………………………………………… 136
　　3.4　テンペの食文化 …………………………………………… 137

第2章　日本の豆腐食文化─豆腐百珍 ……………………… 139

　1.　百珍概要 …………………………………………………………… 139
　2.　尋常品 ……………………………………………………………… 140
　3.　通　　品 …………………………………………………………… 141

4. 佳　　品 ………………………………………… 141
　　5. 奇　　品 ………………………………………… 142
　　6. 妙　　品 ………………………………………… 143
　　7. 絶　　品 ………………………………………… 144
　　8. メニューを全体的にみて ………………………………… 145

第3章　大豆に関するこれまでの研究 …………………… 147

　1. 従来からの単離精製・変性研究 ………………………… 147
　2. 新しい生体防御機能研究 ………………………………… 148
　3. 最近10年の新しい大豆研究動向 ………………………… 148
　　3.1　生体防御機能研究 ……………………………………… 148
　　　1) 海外の大豆研究 ……………………………………… 148
　　　2) 国内の大豆研究 ……………………………………… 150
　　3.2　物理化学的機能研究 …………………………………… 150

■引用文献 ……………………………………………………… 153
■あとがき ……………………………………………………… 157

第1部　日本の木綿豆腐

第1章　大豆および豆腐の生産量

1. 大豆の生産量

　世界の大豆生産量をあげてみると，表1.1に示すように，2000年時点での全生産量は1億5470万トンとなっており，そのうち米国が7280万トンと傑出し，2位はブラジルの3030万トン，さらにアルゼンチン1860万トン，中国1320万トンと続いている．米国は全生産量の約半分（47.1%）を生産し，ブラジルは19.6%，アルゼンチンは12.0%となっており，これらの3つの国で約80%と世界の大半を生産していることになる．

　10年間の大豆の生産量の推移をみると，米国では1981年4880万トン，1982年5530万トンが生産され，年々その生産量は増加してきている．ブラジルは1981年790万トン，アルゼンチン350万トンの生産となっており，この2国ともこの10年間で米国同様急増してきている．一方，中国の1981年の生産量は1550万トンであり減少している．

　わが国における最近の豆腐および油揚げ用大豆について日本豆腐協会の木嶋[1]によると，全体量49万4000トンのうち約78%は輸入されており，そ

表1.1　世界の大豆の生産量推移

（単位：100万トン）

	1995/96年度	1996/97	1997/98	1998/99（見込み）	1999/2000	
					（予測）	対前年度増減率
生産量	124.52	131.98	158.15	154.04	154.70	▲ 0.9
米　　国	59.24	64.78	73.18	74.60	72.75	▲ 2.5
ブラジル	23.87	27.33	32.67	30.75	30.30	▲ 1.5
アルゼンチン	12.31	10.80	19.52	18.80	18.60	▲ 1.1
中　　国	13.30	13.22	14.73	13.91	13.20	▲ 5.1
そ の 他	15.80	15.85	18.05	15.98	19.85	

の中で約36％は米国の北部で収穫されるIOM大豆（インディアナ・オハイオ・ミシガンの各州で品種を選定しないで集荷された大豆）を用いている．さらに，豆腐製造に限ってみると，使用される大豆は約35万トン程度とみられ，この豆腐製造用大豆のうち国産大豆は10万～12万トンとなっている．国産大豆の豆腐原料に占める比率は約30％と算出され，70％は輸入大豆に依存するため，米国産の大豆事情に大きく影響されることになる．

2002年度の世界の大豆生産高は1億9288万トンと前年比で4.7％増であった．主産国の米国は生産量が前年対比で5.6％の減少，ブラジル，アルゼンチンはそれぞれ17.2％，11.7％の増加，中国は6.4％の増加で，米国以外は増産となっている．最近は南アメリカのブラジル，アルゼンチン2国における大豆生産量合計が8450万トンで米国を抜いている．輸入大豆としては米国産IOM大豆が主流であるが，最近はビントン種，白目大豆，カナダ白目大豆などの需要が増加傾向にある．

1990年までは国産大豆は約8万トンが豆腐製造用にまわされていた．2002年（平成14年）の国産大豆の生産高は27万200トン（出回り数量で約18万トン）となっている．政府が計画した平成22年までに作付面積11万ヘクタールで24万トン生産という生産目標を既に上回る状況にある．

遺伝子組換え食品の表示に関して，平成13年4月より表示が実施されている．豆腐業界ではこれに先だって不分別表示を避けるため，1999年度産の輸入大豆から豆腐製品に使用される約50万トンの大豆すべてを遺伝子組換え（GMO）でない非GMOに切り替えている．そのことが原料原価の上昇につながっているが，末端商品価格に転嫁できず製造業者の負担増だけが残る結果となっている．

2. 豆腐の生産量

2.1 市　場　規　模

豆腐類の需要実数はつかみにくく推定するほかないのが実情である．原料として使用される大豆の使用量から推定すると，表1.2から食品用大豆103万トンのうち約48％にあたる49.4万トンが豆腐製品に使用されている．大豆の

2. 豆腐の生産量

表 1.2　食品用大豆の用途別使用量

(単位：千トン)

暦　年	計	内　訳						その　他		
		味　噌	醤　油	豆腐・油揚	納　豆	凍豆腐	豆　乳	煮豆・総菜	きな粉	その他
平成 10	1 046	162	26	495	128	30	4	33	16	152
11	1 017	166	30	492	127	29	6	33	17	117
12	1 010	166	30	492	122	29	7	33	17	114
13	1 015	149	32	492	129	29	9	33	17	125
14	1 032	149	32	494	141	29	11	33	17	126
15 (見込み)	1 035	149	32	495	142	29	12	33	17	126

注：味噌，醤油は食糧庁加工食品課調査，その他のものについては食品産業振興課推計．

使用量からではなく，総務省が公表する家計調査表で1世帯あたりの豆腐の消費量をもとにして原料大豆を算出すると46万〜47万トンになり，ほぼ上記の統計の結果に近い値となる．この使用量を製品に換算すると，豆腐類で約135万トンとなる．これに1丁の値段を100円と仮定すると豆腐市場規模は3 375億円とはじき出される．

これまでの豆腐の市場規模の推移について，総務省統計局がおこなった国民1人あたりの年間豆腐購入金額[2]と人口数から推定すると表1.3のような結果になる．年間消費規模でみると，1990年から1998年の9年間はほぼ増加傾向を示してきたといえる．1999年は前年の1998年に比べて減少しているが，2000年にはほぼ1998年の規模まで回復していることから，この約9年間は増加，その後の2年間は一定となり，2001年は大幅に減少している．2001年調査の豆腐消費が減少している理由は不明であるが，これまで述べてきた豆腐消費に対する意識調査結果と実態とは時間的なズレが生じているためであ

表 1.3　豆腐の消費規模の推移（推定）

年次 (年)	年間消費規模 (億円)	1人あたりの年間購入金額 (円)	対前年増減*
1990	9 052	7 323	↗
1991	9 550	7 699	↗
1992	9 946	7 992	↗
1993	9 715	7 787	↘
1994	9 860	7 886	↗
1995	9 571	7 622	↘
1996	9 491	7 541	↘
1997	9 957	7 892	↗
1998	10 158	8 031	↗
1999	9 631	7 602	↘
2000	9 904	7 418	↘
2001	8 955	7 035	↘

＊1人あたりの年間購入金額．

ろうと思われ，2002年の調査結果を待ちたい．

　豆腐の種類別の生産量や生産額についての統計値は見当たらない．日本豆腐協会（木嶋専務理事）によれば，同協会加盟企業の各種豆腐の販売比率は金額ベースで，木綿豆腐約30％，絹ごし豆腐約20％，充填絹ごし豆腐12％，今はやりの寄せ豆腐・ざる豆腐が約4.5％と推定できるという．この推定を踏まえ，販売金額を表1.3に示した約9 000億円とした場合，それぞれの豆腐の販売金額は表1.4に示すような数値となる．ただし，この金額は大体の販売金額比率から推定したものであり，販売総額も豆腐関連製品のどこまでを含めるかで異なってくる．一説には販売総額を6 000億～6 500億円とする数字もあり，またこの表の数字は統計値によるものでもないので，あくまでも参考値である．この推定値からみると，販売比率の最も多い木綿豆腐が年間2 700億円，ついで絹ごし豆腐が1 800億円を売り上げ，この両者で豆腐類の50％を占めていることになる．

　一方，豆腐製造業者の数について前述の日本豆腐協会の木嶋[1]によると，厚生労働省の発表では2002年3月末1万5 028軒で，2001年と比較すると572軒（3.7％）減であった．1991年の2万140軒と比較するとこの10年間で25.4％減少したことになる．最も業者の数が多かった1960年の5万1 596軒と比較すると70.9％減少したことになり，毎年2～4％（300～600軒）が転廃業していることになる．この転廃業の理由には，戦前から戦後にかけて豆腐製造業を継いだり，始めた人達の交代期にあり，後継者がいないことや

表 1.4 現在の各種豆腐類の推定販売金額比較

分　類	豆腐種類	比　率 (％)	推定販売金額 (億円)
豆腐類	木綿豆腐	30	2 700
	絹ごし豆腐	20	1 800
	充填絹ごし豆腐	12	1 080
	寄せ・ざる豆腐	4.5	405
揚げ物他	油揚げ	21	1 890
	生揚げ豆腐	6.5	585
	がんもどき	3.5	315
	その他	2.5	225
合　計		100	9 000

流通の変化に伴って直販型の豆腐製造販売業者が商売の形態をなさなくなっていったことがあげられる．今後，この減少傾向は続くと思われる．しかもこの豆腐製造業者数は各市町村役所への届出数であって，実際に稼働し専業として商売をしている数はこれよりもかなり少ないと考えられる．

　工業統計表による豆腐製品の出荷額は6 766事業所で約3 900億円となっている．前述した豆腐数量に1丁400 gの価格100円を乗じて算出した3 375億円と比較すると500億円ほど多い金額となっている．この3 900億円は1丁400 gの価格を115円と仮定した場合の金額に相当している．豆腐製品以外のいわゆる伝統食品全般の消費が減退気味の中にあって，豆腐製品の需要は根強く，奮闘しているといってよいであろう．

2.2　豆腐購入金額

　1人あたりの豆腐購入金額でみると，表1.3に示すように1995年から1998年では7 622円から8 031円まで増加しているが，それ以後1999年7 602円，2000年7 418円，2001年7 035円，2002年6 930円と年々減少している．このことは，将来の豆腐消費は減少傾向にあるというよりも，総務省統計による年間1人あたりの大豆の消費重量は変化がほとんどみられないことから，豆腐単価が低下してきたため1人あたりの豆腐購入金額が減少したということであろう．将来の豆腐の消費については後述するように，消費者の昨今の強い健康意識に裏付けられ，その展望は明るい．

　1人あたりの年間豆腐購入金額を2001年調査結果（総務省『家計調査年報』）から地域別にみてみよう．この年の調査では豆腐消費の全国平均金額7 035円よりも高い地域は四国地方（7 840円），沖縄地方（7 644円），東北地方（7 635円）となっており，逆に低い地方は北海道地方（4 873円），九州地方（6 311円），北陸地方（6 546円）となっている．

2.3　豆腐摂取量

　1人あたりの豆腐消費重量（g，丁）は大変興味あるところであるが，統計調査資料では「豆腐は何丁食べられているか」の調査データはみられるものの，1丁あたりの重量が地域によって異なるため，全国的に1人あたり「豆

腐は何グラム食べているか」もしくは1丁を同じ豆腐重量に換算して「何丁食べているか」は，統計調査からはその数値を得ることができない．そこで，『家計調査年報』にみられる地域別1人あたりの購入金額を用い，各地方ごとの豆腐の平均単価から豆腐消費量の算出を試みた[3]．このようにして算出した1人あたりの購入金額の結果を表1.3に記載したので，豆腐の単価が判明すれば，これらの数値から1人あたり年間何グラムの豆腐を食べているかが算出できる．

第4章で後述するように，筆者は2001年から2002年にかけて日本全国を10区分に分け，1地域あたり26〜52個の木綿豆腐を購入し平均単価をはじき出した．その結果を参考として，1人あたり年間どのくらいの豆腐を食べているかを推定したのが表1.5である．購入金額は2001年の調査結果であり，一方，単価は2001年から2002年にかけて筆者が調査した結果なので，得られた数値の背景年は一致するものである．この結果より，豆腐の1人あたりの年間消費量（gもしくは1丁400gとした場合の丁数）は沖縄地方が73.3丁と，他の地域と比べて圧倒的に豆腐が多く食べられているといえる．これは沖縄地方は豆腐を多く食べているという我々が一般的に抱いているイメージ

表1.5　1人あたりの年間豆腐消費量

地域	年間購入額[*1] (円)	平均単価[*2] (円/100g)	豆腐消費量（1人あたり） (g)	豆腐消費量（1人あたり） (丁[*3])	豆腐消費の順位
北海道	4 873	31.1	15 669	39.2	10位
東　北	7 635	30.5	25 033	62.6	2位
北　陸	6 546	37.2	17 597	44.0	9位
関　東	7 312	34.6	21 133	52.8	6位
東　海	7 110	35.8	19 860	49.7	7位
近　畿	7 279	38.2	19 055	47.6	8位
中　国	6 700	31.1	21 543	53.9	5位
四　国	7 840	35.0	22 400	56.0	3位
九　州	6 311	28.8	21 913	54.8	4位
沖　縄	7 644	26.0	29 400	73.3	1位
全　国	73 035	33.1	21 254	53.1	

*1　『家計調査年報』における2001年調査データ．
*2　添田が実施した2001年から2002年にかけての調査データ．
*3　1丁400gとして．

2. 豆腐の生産量

と一致する．沖縄地方以外で比較的多く食べられているのは東北地方，四国地方および九州地方であり，北陸地方，近畿地方および東海地方はあまり多く食べられていない結果となった．一方，北海道地方は39.2丁と最も少なく，沖縄地方は北海道地方の1.9倍の豆腐を食べているといえる．さらに，沖縄地方は沖縄地方を除く他の地域の平均摂取量に対して1.4倍食べていることを示している．

第2章　豆腐に関する消費者意識

　最近の食生活における外食化や豊富な加工食品,調理食品ならびにテイクアウト食品を食べる機会の増加により,消費者ニーズに合わせた商品群が溢れている.このような食環境の変化の中で生活する我々の食に対する考え方や意識がどのように変わってきたかを知ることは,将来の食生活における姿を推察する上で重要であり,今後の食生活に対する警鐘と進むべき方向性を指し示すために必要であると考えられる.そこで,ここでは総務省統計局の調査による『家計調査年報』ならびに生活情報センターによる『食生活データ総合統計年報』から国民の食に対する意識および健康面から関心が高い大豆食品の豆腐に関する意識調査結果[4]を紹介する.

1.　健康に関する意識

　国民の「健康」に関する意識調査結果を表2.1に示した.この表から国民は健康については大変な関心を寄せているといえる.1997年調査における「健康のために食生活に気をつけているか」の質問に対して「多少気をつけている」(47.3%)と「大いに気をつけている」(38.5%)の両者を合わせると85.8%に達し,大半の人が食生活に注意を払い健康を守ろうとしている姿が浮かび上がってくる.また,2001年調査の「健康管理のため食事に気をつかっているか」の質問に対しては,「気をつかっている」と回答したものは64.3%にも達し,4年前の1997年調査と同様高い意識を示している.

　一方,健康について「気をつけていない」は14.2%でしかない.さらに,健康のために実行していることは「栄養バランスに注意を払う」が45.7%で最も高く,ついで「十分な睡眠と規則正しい生活をする」40.5%,「散歩・体操をする」28.9%と続き,健康と密接に関係する栄養バランスへの関心が深いこ

第1部 第2章 豆腐に関する消費者意識

表 2.1 健康意識に関する調査結果

内容	調査年	アンケート設問	調査結果（カッコ内の数字は％）
健康意識	1997	健康のために実行していることは（複数記入）	栄養バランス(45.7) 十分な睡眠と規則正しい生活(40.5) 魚(39.0) 茶(34.8) 散歩・体操(28.9)
健康意識	1997	健康のために食生活に気をつけているか	大いに気をつけている(38.5) 多少気をつけている(47.3) 気をつけていない(14.2)
健康意識	2001	健康管理のため食事に気を遣っているか	遣っている(64.3) あまり気を遣わない(32.7)
健康によい食品	1989	食品別健康イメージランキング	イワシ(65.8) ナチュラルチーズ(49.2) プロセスチーズ(40.3) 納豆(33.9) 100%果汁(32.3) 梅干(31.3) しらす干し(30.8) 豆腐(29.2) こんにゃく(28.0) わかめ(27.2) 牛乳(26.1)
健康によい食品	1994	健康に気をつけていること	繊維質を多く(76.0) 脂肪分の多いものを控える(67.0) ビタミンCの多いものを増やす(56.0)
健康によい食品	2001	健康に良い食品は（複数記入）	緑黄色野菜(90.0) 大豆製品(86.3) 海草類(81.3) 乳製品(61.0) 根菜類(60.5)
健康によい食品	2001	大豆蛋白食品の健康に良いと思う点（複数回答）	低脂肪・低カロリー・高品質蛋白源(82.8) コレステロール低減(46.5) 栄養価高い(42.3)
健康によい食品	2001	大豆蛋白食品で摂取したいもの（複数回答）	豆腐など伝統的大豆食品(90.3) 大豆蛋白食品(51.8) 豆乳(23.0)

とがうかがわれる．このように，健康を保つためには食事や生活習慣に気をつかっているといえよう．

食品別に健康イメージの高いものは表にみられるように，イワシ，チーズ，納豆，果汁，梅干，しらす干し，豆腐，こんにゃく，わかめ，牛乳の順となっている（1989年調査）．そして，健康面から気をつけていることは，1位が「繊維質を多く」，2位「脂肪分の多いものを控える」，3位「ビタミンCの多いものを増やす」の順となっており，これのうち1位と3位の要素を大豆蛋白は備えているといえる（1994年調査）．

また，健康によい食品として1位は「緑黄色野菜」，2位は「大豆製品」，3位「海草類」で，健康面からみた大豆製品への関心は高く，特に乳製品よりも高くなっている（2001年調査）．さらに大豆蛋白食品が健康によいと考えて

いる点は「低脂肪・低カロリー・高品質蛋白源」が82.8%と高く，「コレステロール低減」の46.5%がこれに続いている．また，大豆蛋白食品で摂取したい食品は「豆腐など伝統的大豆食品」が90.3%と最も高い（2001年調査）．

以上のことから，健康にとって食事や食生活が重要な役割を果たしていることは明白である．健康には高い比率で注意を払っており，食生活において栄養バランスを重視し，食品としては緑黄色野菜，大豆食品，海草がよいと思っている．特に，栄養バランスに非常に強い関心をもっており，健康に対する食生活の位置づけは高いものとなっている．

2. 食生活に関する意識

2.1 食生活の満足度

国民の食生活に関する意識調査結果を抜粋して表2.2および表2.3にまとめた．食生活全体の満足度については家計調査の度に質問されてきた．表2.2よりこの約10年間の食生活の満足度の推移をみると，「非常に満足」および「まあ満足」の合計は，1990年76.7%，1994年75.9%，1999年65.8%と満足と感じている比率は年とともに徐々に減少傾向にあり，逆に「非常に不満」は1990年の4.7%から1999年度の5.8%と比率的には低いが増加してきている．さらに満足と不満の中間である「まあ満足」と答えたものは，1990年の67.9%から年とともに低下し，1999年では59.5%まで下がっている．

このように満足度において大半を占めた「まあ満足」者は，この10年間で比率的には13%低下したことになるが，この低下した部分は「どちらともいえない」にシフトしている実態を示している．ともあれ，「まあ満足」者は半分以上を占めているわけで，一部の人を除き多くの人は食生活に切羽詰まった不満はもっていないといえそうである．

2.2 食生活の課題と改善点

次に，食生活の課題や改善点について国民がどのような意識をもっているか．まず食生活について「かなり改善したい」15.6%，「少し改善したい」54.7%を合計すると，改善したいと思っている人は大半の70.3%に達している

第1部　第2章　豆腐に関する消費者意識

表2.2　食生活（満足度・改善点）に関する意識調査結果

内容	調査年	アンケート設問	調査結果（カッコ内の数字は％）
満足度	1990	食生活についての満足度	非常に満足（8.8）　まあ満足（67.9）　非常に不満（4.7）
	1994	食生活についての満足度	非常に満足（9.2）　まあ満足（66.7）　非常に不満（4.1）
	1999	食生活についての満足度	非常に満足（6.3）　まあ満足（59.5）　非常に不満（5.8）
改善点・問題点	1989	現在の自分の食生活の改善意向	かなり改善したい（15.6）　少し改善したい（54.7）
	1989	毎日の食事で大切だと思うこと	栄養バランス（55.0）　規則正しく（11.7）　おいしいこと（11.7）
	1989	食生活で改善したいと思うこと	栄養バランス（34.9）　野菜を多く（18.2）　規則正しい食事（15.3）　食べ過ぎ（14.8）
	1991	ふだんの食事で気をつけていること	栄養バランス（56.9）　3食きちんととる（52.0）　塩分・糖分控える（35.5）　食べ過ぎない（26.1）
	1994	自分にとって健康的な食生活とは	栄養バランス（36.6）　野菜多く（24.8）　1日3食（23.4）
	1995	最近食生活が乱れているか（女性対象）	そう思う（71.6）　そう思わない（16.8）
	1995	食生活の乱れにより健康面で心配なことは（複数回答）	肥満（79.7）　骨粗しょう症（75.4）　糖尿病（70.5）　高血圧（65.0）
	1997	食事で実際気をつけている点（複数記入）	辛いものを控える（56.3）　食べ過ぎ（55.8）　栄養が偏らない（47.0）
	2000	食生活の悩み（複数回答）	栄養の偏り、不足（33.1）　食欲過多、つい食べ過ぎ（26.5）　外食や総菜、加工食品に偏りがち（17.3）
	2000	食生活で改善した点（複数回答）	栄養バランス（61.7）　脂肪分抑える（42.5）　カロリー抑制（44.1）
	2001	食事内容に対する問題点（複数回答）	脂肪が多すぎる（39.8）　塩分が多すぎる（25.7）　野菜をあまりとらない（23.9）

（1989年調査）．その食事で大切な点は「栄養バランス」が55.0％と非常に高く，ついで「規則正しく」および「おいしいこと」がそれぞれ11.7％と続いている．同様にふだんの食事で気をつけていることは，ここでも「栄養バランス」56.9％，「3食きちんととる」52.0％，「塩分・糖分を控える」35.5％が上位を占める（1991年調査）．さらに，健康的な食生活とは「栄養バランス」

2. 食生活に関する意識

36.6%,「野菜を多く」24.8%,「1日3食」23.4%であり（1994年調査），健康にとって栄養バランスはやはり重要な課題となっている．

食生活の乱れについての1995年の調査では，「そう思う」は71.6%で，「そう思わない」の16.8%を圧倒している．乱れていると思う人の乱れについて具体的に何が問題かという質問に対しては，「外食や調理食品・半調理食品の利用頻度の増加」,「家族がバラバラな時間に食べる」,「食事の回数や時間が不規則である」が上位を占めている．そして食生活の乱れにより健康面で心配な点は「肥満」79.7%,「骨粗しょう症」75.4%,「糖尿病」70.5%,「高血圧」65.0%と，現代の生活習慣病の多くをあげている（1995年調査）．

このように意識調査から国民の大半は食生活が乱れていると感じ，一方では栄養・健康に注意を払い食生活の改善に努めていることから，これも大半の人が食生活にある程度は満足しているともいえるが，何の心配もなく満足しているかといえばそうとは言いきれない実態が示されている．

食事内容に目を向けると，「辛いものを控える」56.3%,「食べ過ぎ」55.8%となっており（1997年調査），また「脂肪が多すぎる」39.8%,「塩分が多すぎる」25.7%,「野菜をあまりとらない」23.9%があげられる（2001年調査）．食生活の悩みとしては「栄養の偏りと不足」33.1%,「食欲過多，食べ過ぎ」26.5%があげられ，食生活の改善の裏返しとなっている（2000年調査）．現代の食事で脂肪や塩分の摂りすぎによる弊害や，野菜を摂っていないという実態が改めて浮かび上がってくる．

1997年の調査の食事内容についての質問で実際気をつけている点の「辛いものを控える」は，2001年調査の「塩分が多すぎる」に対応した質問と思われるが，この5年間で塩分に関する関心度は56.3%から25.7%とかなり低下しており，食事改善への取り組みの現れであると考えてよいであろう．塩分の摂り過ぎに対する関心の代わりに，現代では脂肪の摂りすぎがクローズアップされている．さらに，「食べ過ぎないようにする」55.8%,「栄養が偏らないようにしている」47.0%が上位を占め（1997年調査），昔ほど栄養を充足しなければならないという課題はない．栄養バランスが「毎日の食事で大切だと思うこと」,「ふだんの食事で気をつけていること」,「自分にとって健康的な食生活とは」,「食生活で改善したいと思うこと」の各質問において第1

位を占めていることから，食生活にとって栄養バランスは最も重要な要素といえよう．

2.3 食品を購入する際の基準

食品を購入する際の意識調査結果を表2.3に示した．購入時に表示のどこを見るかについての1997年の調査では，1位「製造年月日」83.1%，2位「賞味期限」81.1%の2つは非常に高い意識を示し，「食品添加物」34.2%，「原材料」16.9%，「内容量」12.4%の順となっている．購入時の選択基準は（複数回答），「新鮮さ」66.2%，「価格」58.7%，「安全性」40.5%，「おいしさ」39.8%である（2000年調査）．2001年調査では，日頃，食品を購入する際意識している点は，1位「おいしさ」32.5%，2位「安全・安心」29.5%，3位「価格」15.4%となっている．いずれの調査においても「栄養」についての意識は低く，前述したように栄養面ではかなり充足していると思っている人が多い．

食品の安全安心に関して，遺伝子組換え食品の購入に対しては「かなり抵

表2.3 食生活（購入基準・将来）に関する意識調査結果

内容	調査年	アンケート設問	調査結果（カッコ内の数字は%）
購入基準	1997	食品を購入時，表示のどこをみるか（3つ以内）	製造年月日（83.1）　賞味期限（81.1）　食品添加物（34.2）　原材料（16.9）　内容量（12.4）
	2000	食料品を選択する基準（複数回答）	新鮮さ（66.2）　価格（58.7）　安全性（40.5）　おいしさ（39.8）
	2001	食品購入時，意識すること（3つ以内）	おいしさ（32.5）　安全・安心（29.5）　価格（15.4）　栄養バランス（6.1）
	2001	遺伝子組換え食品の購入について	かなり抵抗感をもつ（49.7）　少し抵抗感をもつ（38.2）　あまり抵抗感をもたない（11.0）
過去・将来	1994	今後10年間の食生活はどのように変化するか（3つ以内）	食品の安全性への関心強くなる（59.4）　簡便化進む（44.5）　季節感や味の変化がなくなる（40.7）　産地や栽培，製法など品質への関心強まる（34.2）　健康志向食品利用増える（33.2）　手作りが見直される（28.9）
	2000	この10年間の食事の変化（複数回答）	油もの・カロリー少なく（23.2）　肉から魚・野菜へ（22.2）　食事量減少（15.5）　あまり変わらない（14.7）
	2000	10年後の食事変化予測（複数回答）	あまり変わらない（26.9）　食事量減少（16.9）　肉から魚・野菜へ（8.6）　野菜増える（6.9）

抗感をもつ」および「少し抵抗感をもつ」の合計は87.9%に達し，遺伝子組換え食品に対してほとんどの人は非常に不安を抱いているといえる（2001年調査）．このように，食品の購入基準は製造年月日，安全安心，価格，美味しさが重要な要素となっており，「脂肪や塩分の摂り過ぎ」と「野菜を多く摂りたい」など栄養が偏らないように工夫しているようだ．

2.4　食生活の将来

食生活の将来をみてみると，表2.3に示すように，1994年調査による「今後10年間の食生活はどのように変化するか」について，2003年は調査後10年目に当たるわけであるが，「食品の安全性への関心が強くなる」59.4%，「簡便化が進む」44.5%，「季節感や味の変化がなくなる」40.7%，「産地や栽培，製法など品質への関心が強まる」34.2%，「健康志向食品利用が増える」33.2%，「手作りが見直される」28.9%となっている．この10年前の意識調査結果と10年後の現在をみると，確かに食品の安全性への関心と健康志向が高くなっており，かつ，簡便化と手作り料理の二極性が我々の食生活の中で理解できるものとなってきており，10年前の意識調査結果が現在に反映されているといえる．

ここ10年間の実際の食事の変化（2000年調査）でも，1位「油もの・カロリーを少なく」23.2%，2位「肉から魚・野菜へ」22.2%が上位にきており，健康に対する意識を裏付けるものとなっている．さらに，今後10年間の食事の変化の予測では，「あまり変わらない」26.9%が1位にくるが，次に「食事量減少」16.9%，「肉から魚・野菜へ」8.6%，「野菜が増える」6.9%などの結果（2000年調査）となっており，野菜摂取の傾向にはあるが，大きな食事内容の変化はなさそうである．

3.　豆腐に関する意識

江戸時代には，豆腐にまつわる諺として「芝居が不入りなら忠臣蔵，おかずにつまればとうふ汁」といわれたように，豆腐の大衆性は伝統食品の中でも際だった存在といえ，昔から食生活にとって馴染み深い親しまれてきた食

品である.

健康に関する意識調査から,大豆食品は健康によい食品の第2位にあげられている.大豆食品の中で最も馴染み深い豆腐についての意識調査結果を表2.4, 2.5にまとめた.大豆食品で摂取したいものとしては前述したように,「豆腐など伝統食品」90.3%が抜きんでて高くなっている.

3.1 豆腐への要望と購入基準

豆腐全般,豆腐種類および価格について表2.4に,喫食頻度,摂取量および表示について表2.5に示す.まず豆腐への要望としては(2つ以内回答),表2.4に示すように「原料が国産」55.0%,「有機農産物」47.4%,「遺伝子組換え大豆を使用していない」33.1%があげられ,安全安心に関連した要望が上位を占めている.さらに,「価格が安い」23.3%と「半丁程度の大きさ」16.0%がこれらに続いている(1999年調査).

豆腐を購入する基準(2つ以内回答)としては,1999年調査によると「新鮮

表2.4 豆腐(全般・豆腐種類・価格)に関する意識調査結果

内容	調査年	アンケート設問	調査結果(カッコ内の数字は%)
全般	1999	豆腐への要望 (2つ以内)	原材料が国産(55.0) 有機農産物(47.4) 遺伝子組換え大豆を使用していない(33.1) 価格が安い(23.3) 半丁程度の大きさ(16.0)
	1999	豆腐を購入する基準 (2つ以内)	新鮮なもの(45.9) おいしいもの(31.4) 原料が国産のもの(30.2) 価格が安いもの(23.3)
	1999	豆腐の今後の消費意向	増やす(28.3) 変わらない(71.0) 減らす(0.7)
	2000	豆腐の購入量を増やしたいか	増やしたい(50.7) 変えない(47.5) 減らしたい(1.7)
種類・価格	1999	購入する豆腐の種類	木綿豆腐(52.9) 絹ごし豆腐(44.4) その他(2.7)
	2000	購入する豆腐の種類	木綿豆腐(53.0) 絹ごし豆腐(45.0) その他(3.4)
	2000	豆腐(1丁400gとして)の平均価格	100~120円(37.6) 100円未満(31.5) 120~150円(20.7)
	2000	国産大豆100%使用の豆腐1丁(400gとして)はいくらだったら購入するか	120~150円(36.0) 100~120円(31.7) 150~200円(17.6) 100円未満(13.6)

なもの」45.9％,「おいしいもの」31.4％,「原料が国産のもの」30.2％,「価格が安いもの」23.3％が上位を占め,購入基準は新鮮で美味しく安心できるものとなっている.

豆腐の今後の消費意向（1999年調査）では,「変わらない」71.0％と「増やす」28.3％で大部分を占め,2000年調査でも「増やしたい」50.7％,「変えない」47.5％であることから,今後は増える傾向にあると推測される.特に,この2つの調査結果の比較において,「増やしたい」が28.3％から50.7％と,1年間で大幅に増加しているのは驚異に値する.

豆腐の種類は1位「木綿豆腐」,2位「絹ごし豆腐」となっており,この両者はほとんど拮抗している.いずれの調査結果でも「木綿」が「絹ごし」よりもわずかに高く（1999年および2000年調査）,現状ではまだ木綿豆腐の方が多く食べられているようである.

豆腐（1丁400gに換算）の価格は「100～120円」37.6％,および「100円未満」31.5％で大部分を占め,120円以下が手ごろな価格となっている.一方,国産大豆100％使用の豆腐1丁（400g）の平均価格では「120～150円」36.0％,「100～120円」31.7％が上位を占め,一般的な豆腐価格帯に比べて20円ほど高くなっている（2000年調査）.このことは国産大豆を用いた豆腐は輸入大豆に比べて1丁あたり約20円まで高く販売できることを示している.

3.2 喫食頻度と摂取量

次に,喫食頻度や摂取量について表2.5に示す.豆腐を食べる頻度は「毎日」27.9％,「週2～3回」51.9％,「週1回」13.4％,「全く食べない」0.4％を示し（1999年調査）,30年前までは毎日食べていたと推察されるが,現在では毎日喫食する人よりも週2～3回の人の方が多くなっていることから,全体的に摂取量は減少してきていると考えられる.しかしながら,前にも述べたように豆腐の今後の消費者意向では「増やしたい」と意識する人が過半数を占めており,将来的にはこれまで以上に豆腐を食べるようになると推測される.

豆腐を食べる機会として,「夕食」35.1％が「朝食」15.8％に比べて高くなっており,昔の朝食には必ずご飯と味噌汁が出された時代から現代の洋風化な

表 2.5　豆腐（喫食頻度・表示）に関する意識調査結果

内容	調査年	アンケート設問	調査結果（カッコ内の数字は％）
頻度・量	1999	豆腐を食べる頻度	毎日（27.9）　週2～3回（51.9）　週1回（13.4）　全く食べない（0.4）
	1999	豆腐を食べる機会	朝食（15.8）　昼食（1.4）　夕食（35.1）
	2000	1週間の豆腐（1丁400gとして）の購入量	1～3丁（73.5）　4～7丁（24.7）　購入しない（0.5）
表示	1994	豆腐購入時の注意する点（5つ以内）	製造年月日（90.9）　製造・販売業者名（60.1）　食品添加物（58.0）　原材料名（55.0）　価格（52.7）　賞味期限（49.0）
	1995	今後充実してもらいたい表示項目	製造年月日（74.5）　原材料・添加物を含まない（54.2）　原材料の原産地表示（49.3）　賞味期限（44.5）
	2000	表示について今後どのように改善されたらよいか（2つ以内）	遺伝子組換え大豆の使用の有無（82.0）　国産大豆の使用割合の表示（48.1）　原料大豆の原産国表示（41.7）
	2000	大豆加工品購入時の注意点（3つ以内）	日付（賞味期限等）（93.9）　原材料表示（65.1）　価格（62.7）　大きさ（30.5）

どへの食生活の変遷を考えれば当然の風潮である（1999年調査）．

また，2000年調査から，豆腐(1丁400gに換算)の購入量は週あたり「1～3丁」73.5％が圧倒的に高く，2位の「4～7丁」24.7％を大きく引き離している．ほとんどの家庭は3日に1回豆腐を買い求めている．

3.3　表示に対する意識

賞味期限はいつまで美味しく食べられるかという尺度であるが，消費者はその食品がいつまで日持ちするかというよりも，いつ製造されたかという点を重視していることが表2.5からわかる．このことはこれからの豆腐消費にとって重要であり，豆腐には必ず賞味期限は表示されるが，製造年月日については表示があるものとそうでないものがみられる．消費者のニーズからみると，製造年月日を賞味期限と併記表示する意味は大きいと考えられる．

また，今後の表示の改善についての要望として，大豆原料に関するものが多く，「遺伝子組換え大豆使用の有無」や「国産大豆使用」についての具体的表現を望んでいる（2000年調査）．

豆腐を購入する基準として，前述したように1999年調査では，「新鮮なもの」45.9%，「おいしいもの」31.4%，「原料が国産」30.2%が上位を占めている．特に「新鮮さ」が購入時の判断材料としては高いものとなっている．一方，「価格が安い」は23.3%とあまり高くなく，安いだけでは不満であると考えている．購入時の基準の第1位が「新鮮なもの」であるように，消費者は製造年月日の新しいものを求めているといえる．

豆腐を購入する際に注意する表示について，2000年調査では，「日付」93.9%が最も高く，「原材料表示」65.1%，「価格」62.7%がこれに続いて高く，特に日付表示には非常に高い関心をよせている．ほぼ同じ質問をおこなった6年前の1994年の調査結果でも，1位「製造年月日」90.0%が圧倒的に高く，2位以下は「製造販売業者名」60.1%，「食品添加物」58.0%，「原材料名」55.0%，「価格」52.7%，「賞味期限」49.0%で，前記の2000年の結果と同様に「日付表示」と同じ意味をもつ「製造年月日表示」が高くなっている．さらに「食品添加物」，「原材料表示」についても意識が高く，食品の安全安心に強い関心をもっているといえる．製造月日表示に強い関心をもつ点は，前述の豆腐を購入する基準の第1位の「新鮮なもの」を裏打ちしていると考えられる．

今後充実してもらいたい表示項目についても，「製造年月日」74.5%が圧倒的に高く，ついで「原材料・添加物を含まないこと」54.2%，「原材料の原産地表示」49.3%，「賞味期限」44.5%となっており（1995年調査），現在の消費者意識とあまり差異はみられない．いずれの年も製造年月日の表示を購入時に注意する割合が非常に高くなっている．

4. 味噌汁に関する意識

豆腐を使った料理についての調査結果として，表2.6に味噌汁全般および具材について，表2.7に喫食頻度，表2..8に味噌汁喫食機会の増減の理由について示す．

4.1 豆腐料理と味噌汁の具材

表2.6のように豆腐を使った料理としては「汁物」が77.6%と圧倒的に高

第1部 第2章 豆腐に関する消費者意識

表2.6 味噌汁（全般・食事・具材）に関する意識調査結果

内容	調査年	アンケート設問	調査結果（カッコ内の数字は%）
全般	1990	味噌汁を飲む回数が増えた理由（複数回答）	健康によい(47.8)　和食を食べるようにしている(26.3)　米を食べる機会増えた(22.2)
	1991	味噌汁のイメージ（3つ以内）	日本の伝統的な食品(69.3)　日本食に欠かせない(55.3)　健康食品である(30.4)　お袋の味・故郷の味(24.8)
	1999	豆腐の調理方法（2つ以内）	汁物(77.6)　冷やっこ(39.6)　湯豆腐(25.9)　鍋物(25.6)
食事	1995	味噌汁をとる食事機会	朝食(1.4回)　昼食(2.0回)　夕食(3.1回)
	1997	週に味噌汁を飲む回数	朝食(1.8回)　昼食(3.4回)　夕食(3.2回)
具材	1994	好きな味噌汁の具（3つ以内）	豆腐(59.8)　わかめ(48.5)　しじみ(35.3)　大根(34.3)　なめこ(33.3)　油揚げ(17.6)
	1995	好きな味噌汁の具材（3つ以内）	豆腐(62.0)　わかめ(50.8)　大根(29.8)　油揚げ(22.0)
	1997	好きな味噌汁の具材（3つ以内）	豆腐(71.0)　わかめ(50.8)　大根(32.0)　油揚げ(22.8)
	2000	好きな味噌汁の具（複数回答）	豆腐(76.1)　わかめ(66.4)　大根(48.1)　じゃがいも(33.4)　油揚げ(31.0)

表2.7 味噌汁（頻度）に関する意識調査結果

内容	調査年	アンケート設問	調査結果（カッコ内の数字は%）
頻度	1990	味噌汁を飲む頻度	毎日(26.5)　週4〜5回(10.2)　週2〜3回(13.7)　週1回程度(7.7)　全く飲まない(16.5)
	1991	味噌汁を飲む頻度	毎日・週4〜5回(28.8)　週2〜3回・週1回(24.5)　全く飲まない(20.9)
	1991	2,3年前と比較した主婦が味噌汁を作る頻度	増えた(6.6)　変わらない(56.8)　減った(26.3)
	1999	味噌汁の飲用頻度	毎日(38.8)　週4〜5回(26.4)　週2〜3回(21.9)
	1999	2〜3年前と比較して味噌汁を飲む回数の増減（複数回答）	増えた(11.4)　変わらない(71.8)　減った(15.6)

4. 味噌汁に関する意識

表2.8 味噌汁（喫食機会増減の理由）に関する意識調査結果

内容	調査年	アンケート設問	調査結果（カッコ内の数字は％）
増えた理由	1990	味噌汁を飲む回数が増えた理由（2つ以内）	味噌汁が健康によい(47.8) 和食を食べるようにしている(26.3) 米を食べる機会が増えた(22.2)
	1991	2～3年前と比較して主婦が味噌汁を作る頻度の変化した理由	和食が増えた(31.6) ご飯を食べる機会が増えた(29.5) 健康に気をつけるようになった(19.8) 作る時間ができた(8.4)
	1999	味噌汁を飲む回数が増えた理由（複数回答）	味噌汁が健康によいから(32.7) インスタントを使うようになったから(28.3) 和食を食べる機会が増えたから(25.2)
減った理由	1990	味噌汁を飲む回数が減った人が代わりに飲んでいるもの	牛乳(36.5) コーヒー・紅茶(28.5) スープ類(22.0) 吸い物(8.4) ジュース類(8.1) カレー・シチュー(7.2)
	1995	味噌汁をあまり飲まない理由（複数）	自分で作るのが面倒(38.1) 外食する食事に味噌汁がつかない(25.9) 家族があまり作らない(23.8) 自分で作れない(15.0) 味噌汁が好きでない(14.3) おいしい味噌汁がない(6.1)
	1999	味噌汁を飲む回数が少ない理由（2つ以内）	他のものを飲むから(27.0) 食卓に出ていない(22.0) 作る人がいない(14.5) 塩分が多い(11.9) 味がきらい(10.5) 米をあまり食べない(3.9) 洋食が多い(2.6)

く，「冷やっこ」39.6％，「湯豆腐」25.9％，「鍋物」25.6％が上位に来ている（1999年調査）．豆腐を使った最もポピュラーな汁物として味噌汁があげられる．味噌汁に対するイメージとしては「日本の伝統的食品」であり，「日本食に欠かせない」，「健康食品である」，「お袋の味，ふるさと（故郷）の味」となっている（1991年調査）．

それでは実際日々の食卓において主婦達が豆腐を材料にしてどのようなメニューに取り組んでいるか大変興味のあるところである．そこで最近豆腐メニューの広がりと食材の出現頻度の実態についての記事があったので紹介しよう．原田[5]は豆腐がいくつのメニューの食材として使用されているかを調査した結果を表2.9のようにまとめている．ここでも豆腐のメニューは1位が「味噌汁」，2位「冷やっこ」，3位「鍋もの」，4位「マーボー豆腐」，5位「湯豆腐」となっており，表2.6に示した全国意識調査の結果とほぼ一致している．豆腐需要の第1位はまさに味噌汁である．2000年から2002年の3年

第1部　第2章　豆腐に関する消費者意識

表 2.9 夕食の豆腐のメニュー展開ベスト 15

順位	出現比率 豆腐メニュー合計	2000 年 100%	2001 年 100%	2002 年 100%
1	味噌汁	32%	34%	34%
2	冷やっこ	27	27	27
3	和風鍋	6	6	5
4	マーボー豆腐	5	5	5
5	湯豆腐	6	5	5
6	すき焼き	3	2	3
7	豚汁	2	2	2
8	キムチ鍋・チゲ鍋	3	3	2
9	豆腐・湯葉の吸い物・すまし汁	1	1	1
10	その他の豆腐料理	1	1	1
11	しゃぶしゃぶ	1	1	1
12	けんちん汁	1	1	1
13	豆腐サラダ	1	1	1
14	揚げ出し豆腐	1	1	1
15	あんかけ豆腐	1	1	1
	ベスト 15 の合計	91%	91%	89%

間をみると，豆腐の味噌汁への使用は毎年伸びている．ただ，この伸びの中でも味噌汁は代替メニューとしての他の飲料に押されていることも指摘している．

　味噌汁に用いる具材調査結果について，1994年，1995年および1997年の調査結果（3つ以内回答）では，好まれる具材はいずれも「豆腐」，「わかめ」，「大根」，「油揚げ」の順に上位を占めている．1997年調査では1位の「豆腐」が71.0%，2位「わかめ」50.8%，3位「大根」32.0%，4位「油揚げ」22.8%となっている．その2～3年前の1994年と1995年の調査結果では「わかめ」，「大根」および「油揚げ」はほとんど1997年の調査と同じレベルの評価を得ているが，「豆腐」だけは1994年59.8%，1995年62.0%，1997年71.0%と，その評価が増大している点は特記すべきであろう．特に，1997年調査では急激に増えており，前述の味噌汁の飲食回数が増える傾向と併せて，1995年ごろから豆腐に対する評価が一段と高くなっていると思われる．さらに2000年調査では，それまでの回答法が3つ以内回答から複数回答に変化しているため直接的に過去の結果との比較はできないが，ここでも豆腐が76.1%と2位

の「わかめ」の66.4％を大きく引き離している．

4.2 味噌汁の飲用頻度

次に，味噌汁の飲用頻度について少し触れてみよう．表2.7に示したように，味噌汁の飲用頻度は1990年および1991年の調査においては「毎日」と「週4～5回」の合計では30～40％しか占めていなかったが，1999年調査では65％まで増加している．このことは消費者の味噌汁喫食に対する意識が急激に高まっていることを示している．そして，半分以上の人は毎日に近い頻度で味噌汁を食べており，「週2～3回」21.9％を含めると，ほとんどの人は週3回程度は味噌汁を食べているといえる（1999年調査）．

さらに，味噌汁を飲む回数についてみると（表2.6），1995年調査での「夕食」の3.1回，1997年調査での3.2回の結果を1991年の「夕食」の2.8回と比較すると，飲む回数は少し増えているといえる．一方，夕食の次に飲む回数が多い「朝食」についてみると，1995年の1.4回に対して，1997年の1.8回と増える傾向をみせている．この最近の夕食や朝食における味噌汁喫食の増加は「お袋の味」が蘇ってきているためか，健康志向のためか，そのどちらかであろうと推察している．

表2.8に味噌汁を飲む回数が増えた理由（複数回答）を示した．「健康によい」47.8％，「和食を食べるようにしている」26.3％，「米を食べる機会が増えた」22.2％となっており（1990年調査），味噌汁は健康によいという理由から食生活スタイルが和食を多く摂るように変化してきていると受けとめられる．

2，3年前と比較した主婦の味噌汁をつくる頻度（表2.7）は，1991年調査において「増えた」6.6％，「変わらない」56.8％，「減った」26.3％であったのに対して，1999年の味噌汁を飲む回数では「増えた」11.4％，「変わらない」71.8％，「減った」15.6％となり，「変わらない」と「増えた」の層の合計が83.2％と1991年調査時の63.4％から20％も増えている．ただし，これは主婦が味噌汁を作ることと飲むことの調査が，同じ内容であると考えた場合である．ここで，味噌汁を飲む回数が少ない理由（2つ以内回答）についても関心がもたれるが，「他のものを飲むから」27.4％および「食事に出てこないから」22.9％が上位を占め，食卓に味噌汁が上ってこない一面がうかがわれる．

第3章　豆腐づくりと話題の豆腐屋さん

1. 大豆の産地と品種

　豆腐には良い原料大豆が求められている．安全性から遺伝子非組換え大豆のニーズが高いことはうなずけるが，国産大豆の需要が非常に高い．この理由として，輸入大豆は安全安心面から信用できないということもあるが，国産大豆を原料にすると美味しい豆腐をつくることができるということであろう．

　表3.1に国内で生産される大豆の県別の品種を示している．食品用としての大豆利用は年間約500万トンで大半は食用油の搾油用となっており，食品加工用としての大豆は約100万トンである．大豆食品加工用としての国産大豆の生産量は27万トンを占めており，そのうち豆腐用は約10万トンとなっている．表3.1に示すように国産大豆はその品種が多いので，1品種あたりの栽培量は少ない．代表的国産大豆としては，九州を中心に栽培されているフクユタカや北陸を中心としたエンレイがあげられる．

2. 現代の豆腐製造法

　豆腐類の製造法について，農林水産省が昭和50年に定めた「豆腐製造法流通基準」では，わが国の豆腐を次の6段階に区分して定義している．図3.1にはこの基準に掲げられたものの製造法を示した．

　① 木綿豆腐：豆乳を凝固させた後，崩し，上澄みを分離して型箱に入れ，圧搾，成形したもの．
　② 絹ごし豆腐：豆乳と凝固剤を型箱の中で混合し，全体をゲル状に凝固させたもの．

第1部　第3章　豆腐づくりと話題の豆腐屋さん

表3.1　大豆の県別生産品種銘柄一覧表

県名		品種銘柄（大粒・中粒／豆腐製造用大豆）
北海道		大袖の舞，大袖振，音更大袖振，つるの子，ツルムスメ，とよまさり，光黒
東北	青森	おおすず，スズカリ，とよまさり
	岩手	スズカリ，ナンブシロメ
	宮城	あやこがね，スズユタカ，タチナガハ，タンレイ，トモユタカ，ミヤギシロメ
	秋田	秋試録一号，あきたみどり，エンレイ，スズユタカ，タチユタカ，リュウホウ
	山形	エンレイ，スズユタカ，タチユタカ，トモユタカ，リュウホウ
	福島	スズユタカ，タチナガハ
関東	茨城	エンレイ，タチナガハ，ハタユタカ
	栃木	いちひめ，タチナガハ，たまうらら
	群馬	エンレイ，オオツル，タチナガハ，玉大黒
	埼玉	エンレイ，タチナガハ，白光
	千葉	タチナガハ，タマホマレ，ヒュウガ，フクユタカ
	長野	ギンレイ，タチナガハ，ナカセンナリ
	静岡	フクユタカ
北陸	新潟	あやこがね，エンレイ
	富山	エンレイ，オオツル
	石川・福井	あやこがね，エンレイ，オオツル
	岐阜	アキシロメ，フクユタカ
	愛知・三重	タマホマレ，フクユタカ
近畿	滋賀	エンレイ，オオツル，タマホマレ，フクユタカ
	京都	エンレイ，オオツル，タマホマレ
	兵庫	サチユタカ，タマホマレ
中国・四国	鳥取	エンレイ，サチユタカ，すずこがね，タマホマレ
	島根	サチユタカ，タマホマレ
	岡山	タマホマレ
	広島・香川	アキシロメ
	山口	サチユタカ，ニシムスメ，フクユタカ
	徳島・高知	フクユタカ
	愛媛	タマホマレ，フクユタカ
九州	福岡・長崎・熊本・宮崎・鹿児島	フクユタカ
	佐賀	フクユタカ，むらゆたか
	大分	トヨシロメ，フクユタカ，むらゆたか

（農林水産省告示，平成14年3月29日）

2. 現代の豆腐製造法

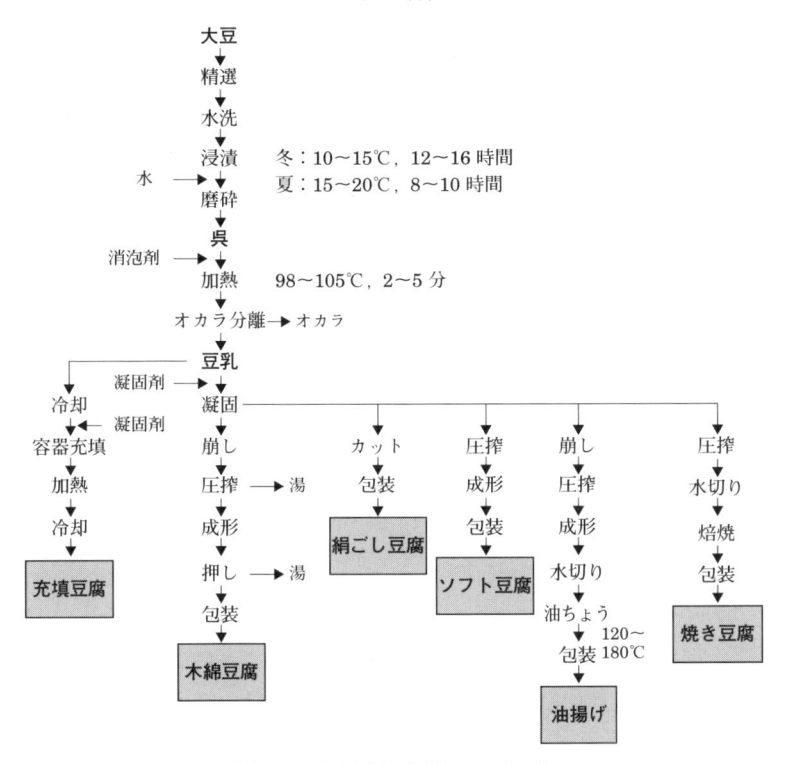

```
大豆
 ↓
精選
 ↓
水洗
 ↓
浸漬      冬：10~15℃, 12~16 時間
 ↓        夏：15~20℃, 8~10 時間
水 → 磨砕
 ↓
呉
消泡剤 → ↓
加熱      98~105℃, 2~5 分
 ↓
オカラ分離 → オカラ
 ↓
豆乳
凝固剤 → ↓
凝固
```

製品分岐：
- **充填豆腐**：冷却 → 容器充填 → 加熱 → 冷却（凝固剤）
- **木綿豆腐**：崩し → 圧搾 → 成形 → 押し → 包装（湯）
- **絹ごし豆腐**：カット → 包装（湯）
- **ソフト豆腐**：圧搾 → 成形 → 包装
- **油揚げ**：崩し → 圧搾 → 成形 → 水切り → 油ちょう 120~180℃ → 包装
- **焼き豆腐**：圧搾 → 水切り → 焙焼 → 包装

図 3.1　豆腐類の製造フロー概要

③　充填豆腐：豆乳をいったん冷却し，包装容器に注入密封の上，加熱し，全体をゲル状に凝固させたもの．

④　ソフト豆腐：豆乳に凝固剤を添加し，ゲル状に凝固させたものを型箱に入れ，圧搾成形したもの．

⑤　焼き豆腐：木綿豆腐またはソフト豆腐を圧搾，水切りした後，焙焼したもの．

⑥　油揚げ：豆乳の凝固物を水切りして生地を作り，油で揚げて膨張させたもの．

3. 豆腐製造メーカーの数

　前述したように，国内における豆腐製造メーカーの総数は大体1万5000軒を数え，そのうち届出業者（許可業者）は約7000から1万軒あるといわれている．2002年時点での豆腐メーカーは，日本豆腐協会（東京都千代田区）に加入している大手メーカー36社があり，さらに各地域の商工会議所などに登録されているメーカーは下に示すように約1700社を数える．

北海道地方	47社	東海地方	225社	四国地方	67社
東北地方	212社	近畿地方	393社	九州地方	67社
関東地方	316社	中国地方	153社	沖縄地方	15社
北陸地方	102社				

　このような豆腐メーカー組織では，近畿地方が最も多く，関東地方，東海地方，東北地方なども多くなっている．商工会議所登録以外にも地域ごとに組織化された豆腐協会があり，例えば上に示す沖縄地方の商工会議所登録数は15社と少ないが，沖縄豆腐組合組織も存在しており，加入数は150社ほどで豆腐産業に関する情報交換の場として利用されている．

4. 今，話題の豆腐屋さん

　最近，豆腐の人気は特に若い女性を中心に高まっている．本屋さんには豆腐の料理集が溢れている．豆腐料理と同時に有名な豆腐屋さんの紹介も後を絶たないようだ．そこで，1997年に出版された『全国逸品豆腐』[6]（サライ編集部）やその他の雑誌類，日本経済新聞などで紹介された有名な豆腐を中心に表3.2にまとめた．紹介された豆腐は木綿豆腐，絹ごし豆腐，おぼろ豆腐のすべてを含んでいる．まず表に示した有名豆腐の個々について説明しよう．

〈いぶり豆腐〉かたづくりの豆腐を桜のチップで燻して作る．燻香が何とも嬉しい珍味に類する豆腐．
〈御譜代豆腐〉地元宮城県産大豆を使用し，153mの深さから汲み出した井戸水を用いる．ポイントは豆を水に漬ける前に水を3回ほど替えながら丹念に

4. 今, 話題の豆腐屋さん

表 3.2 全国の有名な豆腐（木綿・絹ごし・おぼろ）に関する情報

	有名な豆腐	豆 腐 店	住所	電　話	値段(1丁)
東　北	いぶり豆腐	深萱の昔とうふ工房	岩手県	0191-63-3888	300円
	御譜代豆腐	上村豆腐店	宮城県	022-222-2810	189
	青豆豆腐	上下堤生活改善クラブ	宮城県	0225-87-3738	500
	竹寄せ	扇田食品	福島県	0245-66-3633	180
	古里の山水	仁藤商店	山形県	0236-22-2069	150
関　東	只管（ひたすら）豆腐	もぎ豆腐店	埼玉県	0495-22-2331	500
	仙波豆腐	小野食品	埼玉県	0492-24-3156	
	影山豆富	おかべや	神奈川県	0427-70-2211	1 000
	越後屋豆腐	ヨシコシ食品	東京都	03-3602-8771	200
	丸籠豆腐	双葉	東京都	03-3666-1028	500
	伝統手作りとうふ	藤屋	東京都	03-3821-3578	160
	おぼろ豆腐	武蔵屋豆腐店	東京都	03-3821-1687	200
	青豆豆腐	美濃屋豆腐店	東京都	0422-51-9658	200
	岩清水豆腐	ままごと屋	東京都	0428-78-9523	230
東　海	石割り豆腐	鈴口豆腐店	岐阜県	05769-6-1525	130
近　畿	京豆腐	とようけ屋山本	京都府	075-462-1315	150
	京の贅沢	京乃雪本舗	京都府	0120-75-4711	200
	昔とうふ	奥丹	京都府	075-525-2051	
	賀茂とうふ	近喜	京都府	075-344-6001	250
	丁字屋白豆腐	丁字屋	京都府	075-231-2075	200
	嵯峨豆腐	森嘉	京都府	075-872-3955	180
	黒豆豆腐	小林食品	兵庫県	0795-97-2058	
	京豆富	平井食品	京都府	075-581-5558	
中　国	玉豆腐	山神食品	岡山県	0866-92-0402	200
	雄町名水箱入り娘	山陽豆富協同組合	岡山県	086-275-1119	
	因幡小路	ちむら	鳥取県	0857-25-2111	200
	ささなみとうふ	土山商店	山口県	0838-56-0337	80
九　州	薪炊き豆腐	鳥飼豆腐	福岡県	092-804-2639	130
	ざる豆腐	川島豆腐店	佐賀県	0955-72-2423	
	温泉湯豆腐	大正屋	佐賀県	0954-43-5088	

注）電話番号および値段は今調査年に対してのものであり，年代によって変動することがある．

洗う．

〈**青豆豆腐**〉三陸特産の青ばた豆を使用．この豆は普通の豆よりショ糖とオリゴ糖含量が高い．ほんのりとした薄緑色のうま味のある甘さが持ち味．

〈**竹寄せ**〉阿武隈山系の湧水を使用．おぼろ豆腐を竹ザルに流し自然に時間をかけて寄せた豆腐．作り方は佐賀県の「ざる豆腐」と類似する．

第1部　第3章　豆腐づくりと話題の豆腐屋さん

〈**古里の山水**〉山形県産大豆と蔵王山系水使用．高蛋白大豆から高濃度の豆乳を作る．

〈**只管豆腐**〉自然農法による国産大豆と地下200mの深井戸水使用．ソフトでさわやかな甘さを持ち後味がよい．只管の名は高崎少林山達磨寺住職がひたすら探し求めてたどり着いたという意味の禅語からきている．

〈**仙波豆腐**〉山間部で栽培された希少大豆と秩父山中から運んでくるミネラルウオーターを使用．この大豆は糖度が高く味は濃厚で，溶けるような舌触りが特徴．

〈**影山豆富**〉山梨県忍野村の地下水を運び，低農薬国産大豆を石臼で挽き，ニガリで仕上げた豆腐．

〈**越後屋豆腐**〉国産大豆（エンレイとフクユタカ），黒大豆（丹波産），青大豆（秋田産オオガタミドリ）と豆にこだわる．自然な素材で正直なものを作り上げる．

〈**丸籠豆腐**〉ニガリを打つ時の温度とニガリ量の微妙なバランスを重視．食べて飽きない自然な甘さと適度の水が決め手．今も明治座帰りにお土産として買われる．

〈**伝統手作りとうふ**〉水は地下100尺（約30m）の自然水を使用．特注の木桶や割型（型箱）で作る．昔流の豆腐作りは木が一番．

〈**おぼろ豆腐**〉舌にとろけるうま味とコクをもつ．「かため」「やわらかめ」「ふつう」と3種類がある．

〈**青豆豆腐**〉季節ごとの最良の大豆を吟味して使う量だけ購入し，豆にこだわる．

〈**岩清水豆腐**〉25年前から作られてきた豆腐．国産大豆エンレイと秩父古生層から染み出す酒の仕込み水と同じ名水を使用．ちなみに蔵元は小澤酒造．

〈**石割り豆腐**〉岐阜県白川郷の堅豆腐．石につまずいて人は怪我したが，豆腐は転がったものの無傷ですんだというのが堅豆腐のいわれ．輸入大豆だと成分が違うので形はできても縄で縛って持ち運ぶと崩れて落ちる．木製の型箱が生命．

〈**京豆腐**〉豆の浸漬時間の見極めが不可欠．豆の性質や天候を勘案しながら，時には氷で冷やして時間を調整することもある．ふわっと柔らかい豆腐．

〈**京の贅沢**〉手を一切触れず手業のデータをハイテクに生かしたマイコン制

4. 今，話題の豆腐屋さん

御．ムラとバラツキのない豆腐づくりを目指す．丹波産オオツル大豆使用．

〈昔とうふ〉石臼で豆を挽き，往時の手仕事を忠実になぞって作る．残念ながら豆腐での販売はなく，総本家ゆどうふ奥丹で堪能するしかない．

〈賀茂とうふ〉豆は滋賀県産ミズクグリやコトミドリを使用．高濃度の豆乳を使う．

〈丁字屋白豆腐〉町のお豆腐屋さんの頑固な味を支えるのは地下水と本ニガリと丹波産のオオツル大豆．こだわりは木桶，型箱．型箱は京箱と呼ばれる昔ながらの深い寸法のもの．これを使い，ゆっくり熟(う)ませることでうま味が増す．

〈嵯峨豆腐〉石臼開発に長年かけ，豆汁が変質しない石臼を開発した．地釜使用は豆腐作りの基本で，豆の持つ本来の風味，香ばしさが豆腐に移る．

〈黒豆豆腐〉同じ黒豆でも兵庫丹波産が一番，味がまるで違う．丹波の水使用．なめらかな舌ざわり．

〈京豆富〉白くてなめらかで弾力があり崩れない豆腐．富山県産大豆エンレイと地下水使用．豆腐は水が命．

〈玉豆腐〉なめらかな食感とコクが自慢の丸い名物豆腐．エグ味を残さないことが特徴．昭和37年，天皇陛下に献上されて，一躍総社(そうじゃ)(岡山県南部)の名物に．丸い豆腐は江戸時代からあったもの．この玉豆腐を総社の名物に育てたのが山神食品．

〈雄町名水箱入り娘〉全国名水100選に選ばれた雄町(岡山市)の冷泉と備前大豆で仕込み，吉野杉の特製型箱の中で1丁ずつ丹念に仕上げる．

〈因幡小路〉千代川(せんだいがわ)の伏流水と国産大豆使用．魚すり身を混ぜて蒸し上げた「豆腐ちくわ」は有名．

〈ささなみとうふ〉生絞(なましぼ)り法．この方法によって豆腐に不必要な苦味やエグ味を除き，大豆本来の甘味が生きた豆腐．まだ言葉も話せない子供でも喜んで食べてくれる．

〈薪炊き豆腐〉竈(かまど)で薪炊(まきだ)きし鉄釜を使用．薪の火が自然で豆にやさしい．しっかりした味に仕上がる．薪炊きは火の管理が難しく，時間も掛かる．

〈ざる豆腐〉ざる豆腐の由来は江戸時代，玄界灘で鯨捕りの忙しい時，漁師のおかみさんの生活の知恵から日常食べている豆腐をザルに入れそのままにし

第1部 第3章 豆腐づくりと話題の豆腐屋さん

表3.3 味・風味がよい全国の木綿豆腐に関する情報

	豆 腐 名	豆 腐 店	住 所	電 話	値段(1丁)
北海道	もめんとうふ	オシキリ食品	北 海 道	011-791-0351	88円
	ダブルパックもめん	マルカワ食品	北 海 道	011-881-3211	88
	みどり豆腐	久保食品	北 海 道	0152-43-2242	100
東 北	盛岡とうふ	平川食品	岩 手 県	019-698-1283	120
	一丁寄せもめん	太子食品	青 森 県	0120-417710	108
	青ばたもめん	蔵王すずひろ	宮 城 県	0224-34-1331	600
	青大豆手造り	大潟村農協	秋 田 県	0185-45-2552	248
関 東	豆庵	豆庵	埼 玉 県	0274-52-7010	125
	手作り木綿	相模屋食料	群 馬 県	027-269-2345	100
	北の大豆 木綿	太子食品	栃 木 県	0120-685102	148
	木綿	ホーム食品	神奈川県	0120-102869	98
	にがり使用もめん	湘南食品	神奈川県	045-782-3040	48
北 陸	安曇野木綿	朝日屋食品	長 野 県	0261-62-0030	198
	本にがりもめん	万九渡辺食品	新 潟 県	0120-44-7154	100
東 海	木綿	くすむら	愛 知 県	052-931-1456	300
	もめん	丸善食品	静 岡 県	0120-102809	98
近 畿	石臼づくりもめん	豆富庵	兵 庫 県	0727-70-4810	650
	もめん豆腐	九里田純白	大 阪 府	0729-88-3511	98
	海精もめん	近藤豆富	奈 良 県	0743-63-6662	170
中 国	もめん	ミヨシ食品	山 口 県	0827-31-7362	168
四 国	木綿	さとの雪	徳 島 県	088-686-6882	158
九 州	無農薬とうふ	クッキー	鹿児島県	0996-25-1255	140
	もめん	ふくれん	福 岡 県	092-431-7655	140
沖 縄	木綿とうふ	糸満西崎豆腐	沖 縄 県	098-994-1974	250
	手造りもめんとうふ	ひろし屋食品	沖 縄 県	098-863-0421	150

注）電話番号および値段は今調査年に対してのものであり，年代によって変動することがある．

て出かけたことによる．とろけるうまさ．

〈温泉湯豆腐〉ニガリ豆腐を温泉の源泉で炊いた独特の風味を持つ豆腐．かの遣唐使がもたらしたものと伝えられている．

また，木綿豆腐に限ってであるが，筆者が全国の豆腐屋さんを訪問したり，豆腐を購入しその品質を官能評価した結果，高得点を得た豆腐を表3.3に示した．一般の主婦が日常利用する都市部のスーパーから木綿豆腐を購入して評価したといっても，全国の豆腐メーカーが販売しているすべての木綿豆腐

4. 今，話題の豆腐屋さん

表3.4　昔ながらの製法で製造されている手造り豆腐

豆腐の総称	豆腐名	豆腐店	住　所	電　話	値段(1丁)
堅豆腐・固豆腐	堅とうふ	上野豆腐	石川県石川郡白峰	07619-8-2707	400円
	生粋いしかわ	山下ミツ商店	石川県石川郡白峰	07619-8-2024	350
	堅とうふ	北野商店	石川県石川郡白峰	07619-8-2555	400
	堅とうふ	永吉豆腐	石川県石川郡白峰	07619-8-2131	400
石豆腐・岩豆腐	五箇山豆腐	喜平商店	富山県東砺波郡	0763-66-2234	320
	五箇山豆腐	水上商店	富山県東砺波郡	0763-66-2447	320
	石豆腐・合掌とうふ	宮部商店	岐阜県大野郡	0576-96-1877	300
石豆腐	よしだとうふ	吉田豆腐店	徳島県東祖谷山村	0883-88-2018	210
	とうふ	尾山商店	徳島県三好郡	0883-88-2685	200
	とうふ	栗枝豆腐店	徳島県三好郡	0883-88-2944	210
島豆腐	しまとうふ	オキトー西村	沖縄県中頭郡	098-946-9388	138
	島豆腐	旭食品	沖縄県那覇市	098-884-4952	100
	もめんとうふ	古波蔵食品	沖縄県宜野湾市	098-892-2417	120
	手作り	玉城豆腐ほか	沖縄県中頭郡	098-945-8370	128

注）電話番号および値段は今調査年に対してのものであり，年代によって変動することがある．

表3.5　歴史のある豆腐料理専門店に関する情報

豆腐専門店	料理の特徴	用いられる豆腐	住所（電話）	備　考
辻　留	木の芽田楽・鱈豆腐・ざる豆腐 懐石料理コース	吉野家豆腐店（東京都港区）	東京都港区元赤坂1-5-8 虎屋第2ビル(03-3403-3984)	
笹乃雪	あんかけ 生笹乃雪（冷や奴）	自家製豆腐	東京都台東区根岸2-15-10(03-3873-1145)	「笹の上に積もりし雪のごとき美しさよ…」が言われ
ままごと屋	お酒をおいしく飲んでもらうための豆腐料理として	自家製豆腐	東京都青梅市沢井2-748(0428-78-9523)	蔵元小澤酒造「澤乃井」
東学坊	会席料理 湯豆腐	小山商店	神奈川県伊勢原市大山437(0463-95-2038)	修験の聖地・大山阿夫利神社
中村楼	豆腐田楽（白味噌の木の芽田楽）	自家製豆腐	京都市東山祇園八坂神社境内(075-561-0016)	八坂神社門前茶屋
奥　丹	湯豆腐・精進天ぷら・とろろ汁・木の芽田楽などのコースで	自家製豆腐	京都市東山区清水3-340(075-525-2051)	南禅寺境内

を取り寄せて評価したわけでないので，表に記載がないから味・風味が優れていない豆腐だということではない．ただ，ほんとうに美味しいといえる豆腐は，全体の7％程度しかないということは言えそうである．

さらに，表3.4には昔ながらの製法により作られ，しかも商品名ではなく総称として有名な豆腐を示している．地域的には北陸地方や四国地方，沖縄地方があげられる．いずれも昔ながらのかたい歯ごたえを有する品質となっており，一般に味噌汁や冷や奴(ひやっこ)のような豆腐の食べ方と異なり，炒めたり，煮たり，焼いたりの調理をして食べられており，現在もその食感や味・風味を守っている．

豆腐料理の専門店も今では賑わいをみせている．その中でも歴史のある豆腐料理店として「別冊サライ大特集　豆腐」[7]の中で紹介されたものを表3.5に掲げた．懐石料理や会席料理コース料理はもとより，湯豆腐や豆腐田楽(でんがく)，冷や奴の単品メニューも食することができるようになっている．これ以外にも昔ながらの各地の特徴ある豆腐専門店や，豆腐専門店としてチェーン展開を図っている店も豆腐人気と相まって盛況となっている．表3.2〜3.5は読者が何かのおりに，どこそこの豆腐を食べてみたいと思われた際の連絡に便利であると思い掲載した．

第4章　木綿豆腐の原料・製法・品質に関する地域性

　現在市販されている豆腐について我々はどの程度知っているだろうか．日常食べている豆腐についてだったら，かたさ，味，色調などについては知っているかもしれない．しかし，一般的な豆腐とはどんな品質かといわれると困ってしまうであろう．これまでの研究には，各地の豆腐に関する情報として豆腐の重量，価格，かたさなどについての調査がみられる．少し説明を加えると，それらの調査では，市野ら[8]および大竹ら[9]は沖縄県，米田[10]および古賀ら[11]は北九州市と福岡市，辻ら[12]は山梨県，近[13]は静岡県というように地域が限定されており，かつ，調査項目も，かたさであったり，味・風味であったり，成分組成であったりで全体的な実態を網羅していない．特に，かたさや味・風味についての評価方法が異なり，全地域統一した評価方法がとられていない．すなわち，それぞれの地域の豆腐の実態は知りえても，日本各地で販売されている豆腐についての情報を互いに比較できないのが現状である．

　添田と山崎[3] [14]～[17]は食生活における豆腐の更なる普及を目的として，大豆食品の中で最も日常的に食べられている豆腐のうち木綿豆腐をとりあげ，国内のほとんどの地域を同一条件のもとで全国的に比較できる味・風味およびかたさを中心に，原材料，重量，価格，成分などについて調査した．本章においては，この調査で得られた現代の木綿豆腐の実態について述べる．

1．調査方法

　木綿豆腐に関する地域性を調査するにあたって，図4.1に示すように国内を10区分に分けた．なお，北陸地方および四国地方では，これらの地域内の

第1部 第4章 木綿豆腐の原料・製法・品質に関する地域性

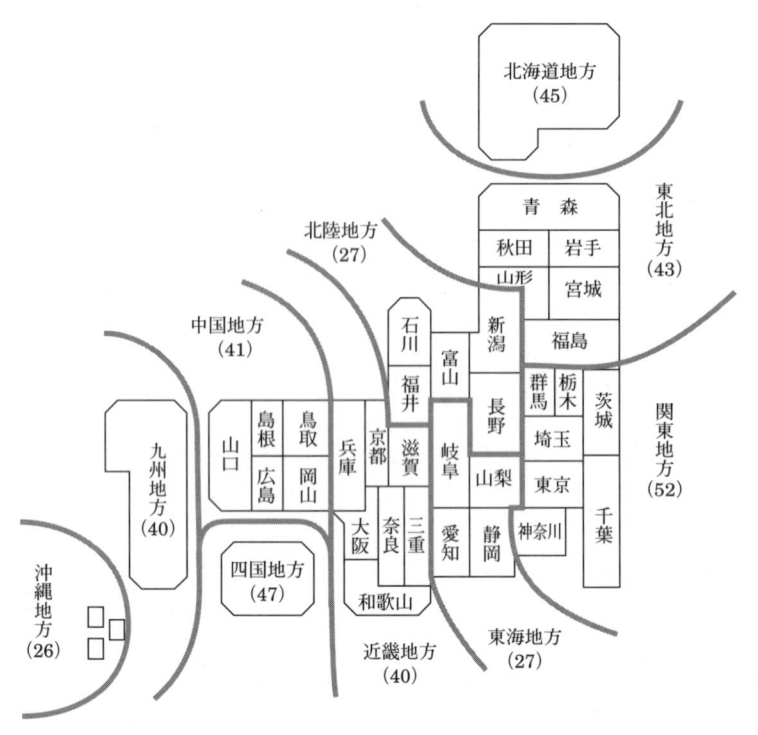

図 4.1 木綿豆腐調査における国内の区分
カッコ内の数字は調査した豆腐の個数．

山間部での豆腐製造が昔ながらの製法を使い盛んにおこなわれていることから，項目によってはこれら山間部を10区分とは切り離し，北陸山間部および四国山間部として別途集計を試みている．試料数は北海道地方45個，東北地方43個，関東地方52個，北陸地方27個，東海地方27個，近畿地方40個，中国地方41個，四国地方47個，九州地方40個，沖縄地方26個，北陸山間部11個および四国山間部5個の総計404個とする．豆腐の購入先は主婦が通常買い物で購入している豆腐の実態を知る目的から，生鮮食品の購入先統計資料[18]を参考に，人口密度の高い県庁所在地やそれに準ずる都市部のスーパーマーケットを中心とした．

調査項目は，① 包装表示から読みとれる原材料，重量，価格および賞味期限，② 成分測定による固形分，蛋白質含量およびミネラル含量，③ 官能評価

による味・風味およびかたさ，④ レオメータによるゲル物性測定とした．さらに，これらの調査を補完するものとして，国内各地の豆腐メーカーの一部を訪れ，現地での聞き取り調査も併せておこなった．

2. 包装表示から読みとれる情報

2.1 原材料
1）原料大豆

購入した木綿豆腐の包装表示内容のうち，大豆について地域別に表 4.1 にまとめた．この表より，大豆は国産大豆，無農薬有機大豆および遺伝子非組換え大豆といった特別な大豆を使用する大豆選択型が全体平均では 80% 以上を占め，特に近畿地方，北海道地方および中国地方では 90% 以上と非常に高くなっている．このことから，現在では原料大豆の大半は何らかの形で大豆を選択して豆腐用原料としていることがうかがわれる．一方，沖縄地方では 38.5%，北陸山間部では 54.6% と低く，さらに四国山間部での大豆選択はみ

表 4.1 包装表示からみた原料大豆の地域別比較

地方名		試料総数	原料大豆 (%)			合計
			国産大豆	無農薬大豆有機大豆	遺伝子非組換え大豆	
平野部	北海道地方	45	26.7	4.4	64.4	95.5
	東北地方	43	37.2	7.0	41.8	86.0
	関東地方	52	42.3	13.5	26.9	82.7
	北陸地方	27	48.1	11.1	25.9	85.1
	東海地方	27	29.6	18.5	33.3	81.4
	近畿地方	40	30.0	20.0	47.5	97.5
	中国地方	41	34.1	19.5	39.0	92.6
	四国地方	47	21.3	31.9	34.0	87.2
	九州地方	40	32.5	17.5	37.5	87.5
	沖縄地方	26	0	0	38.5	38.5
	平野部平均	388	30.9	14.9	39.5	85.3
山間部	四国地方	5	0	0	0	0
	北陸地方	11	45.5	0	9.1	54.6
	山間部平均	16	31.3	0	6.3	37.6
	全国平均	404	30.9	14.4	38.1	83.4

られない.これらの地域では近年の風潮である原料大豆へのこだわりは低く,昔ながらの伝統的製法を中心として製造されているといえよう.

　大豆選択型の中でも,国産大豆や無農薬有機大豆表示のものは,それらの大豆原料を入手するのが困難で,経済的にも製造コストからみて大きな負担となるが,逆にこれらの原料を使うことは他社の豆腐との差別化を図るには非常に効果的である.このような国産大豆や無農薬有機大豆の使用は沖縄地方ではみられないが,全体平均では45％以上を占めており,豆腐単価への影響を考えれば,これらの特殊な大豆の使用はかなり高い比率となっていると考えてよい.

　① 国産大豆

　国産大豆に限定してみると,豆腐製造用大豆のうち約30％が使用されている.国産大豆使用の豆腐が高い比率を示す地域としては,北陸地方48.1％,関東地方42.3％,東北地方37.2％となっており,逆に低い比率を示す地域は沖縄地方0％,四国地方21.3％となっている.国産大豆でも例えば「北海道富良野産大豆」というように産地を表示したり,一般的な黄大豆から青大豆,緑大豆,黒大豆に原料を切り替えたり,特殊な場合として枝豆を原料としているところもみられる.確かにこれらの青大豆などから製造した豆腐はこれまでの豆腐と比較すると価格は高いが,風味や歯ごたえが明らかに異なっており,今後の展開に興味がもたれる.

　国産大豆は第1章でも述べたように現在では10万～12万トンが使用されている.豆腐用原料大豆の使用量は約35万トンなので,この国産大豆の割合は豆腐製造用大豆全体に対して30％強を占めていることになる.表4.1に示す調査結果でも国産大豆を使用した豆腐の比率は30％を占めており,上記の国産大豆の使用割合と一致している.

　② 無農薬有機大豆

　さらに,無農薬有機大豆に限定してみると,その使用量は15％弱とさすがに低

図 4.2 無農薬有機大豆のJASマーク

2. 包装表示から読みとれる情報

表 4.2 無農薬有機大豆使用の有機 JAS マーク付き豆腐の実態

	豆 腐 個 数			価 格（円/100g）		
	全体個数	JASマーク付	JASマークなし	全体平均	JASマーク付	JASマークなし
北海道地方	33	1	2	31.1	20.5	30.2
東 北 地 方	35	2	1	30.5	27.0	27.0
関 東 地 方	41	2	1	34.6	27.0	27.8
北 陸 地 方	31	3	2	38.5	32.0	36.6
東 海 地 方	18	1	1	35.8	37.0	37.7
近 畿 地 方	26	1	4	38.1	35.3	39.8
中 国 地 方	35	3	3	31.1	39.1	34.3
四 国 地 方	31	3	9	35.0	34.7	32.1
九 州 地 方	38	2	4	28.8	38.0	33.4
沖 縄 地 方	19	0	0	26.0		
	307	18	27	32.8	33.4	33.6

「有機 JAS マーク」とは農林水産省の登録認定機関の認定を得た有機製品の証を示すもので，安全安心の目印．

くなるが，豆腐価格への跳ね返りを考えると，これでも多い比率といえよう．この大豆の使用比率が高い地域としては四国地方 31.9%，近畿地方 20.0% など東海地方以西が中心となっている．

　無農薬有機大豆使用と表示されている豆腐 45 個について説明を加える．豆腐には有機 JAS マークがついている商品もみられる．これは農林水産省が有機農産物や加工食品に適合したものとして認定する安全安心の証となっているマークである．認定された無農薬有機大豆を用いて，認定された工場で作られた豆腐にはじめて有機 JAS マークがつけられ，そのようにして作られる豆腐に「有機豆腐」と表示している．図 4.2 に示す有機 JAS マークがついた豆腐は表 4.2 に示すように，無農薬有機大豆使用 45 個のうち 18 個と 40% を占め，残りの 60% は有機 JAS マークなしで「無農薬大豆使用」や「有機栽培大豆使用」の表示がなされている．この非認定工場で作られる場合は，認定された無農薬有機大豆を使用していても「有機豆腐」とは表示できないが，「無農薬大豆使用」や「有機栽培大豆使用」という表示は「強調表示」として業界では認められているようである．

　有機 JAS マーク付き豆腐を地域別にみると，東海地方以西，特に四国地方，九州地方で多くみられる．有機 JAS マーク付きでない豆腐（無農薬・有機栽培

第1部　第4章　木綿豆腐の原料・製法・品質に関する地域性

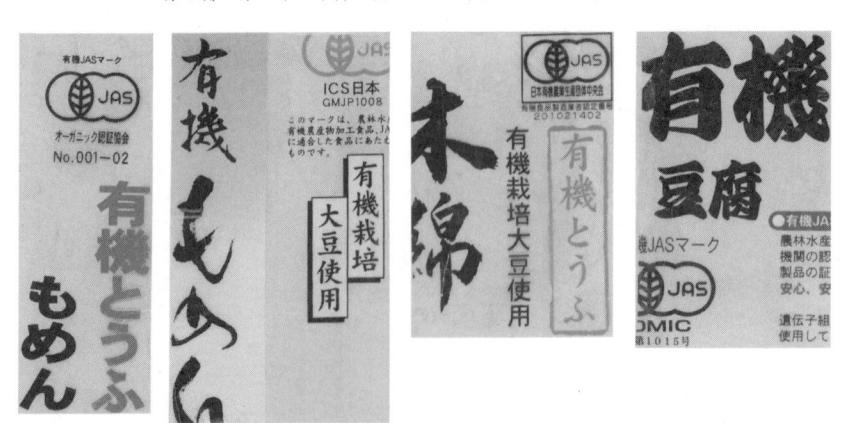

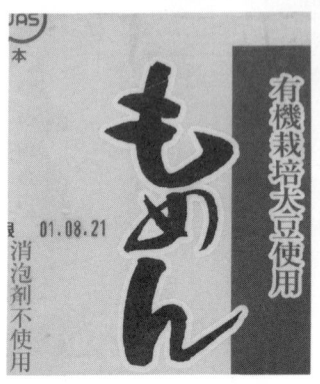

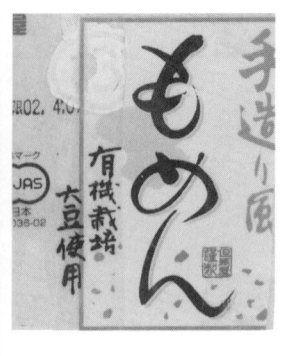

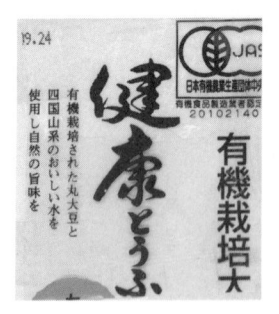

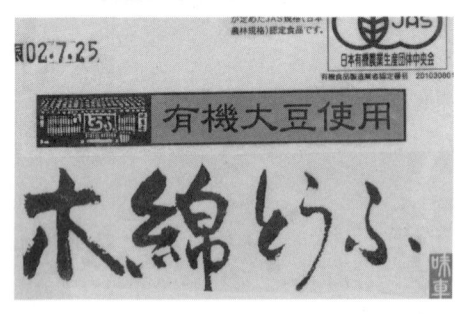

図 4.3　有機 JAS マーク付き豆腐の表示

2. 包装表示から読みとれる情報

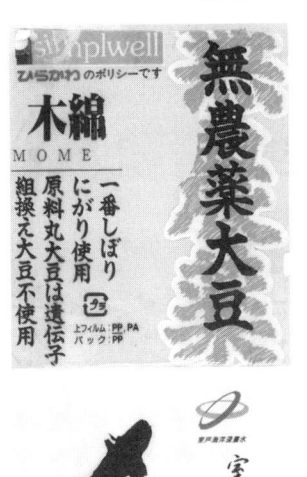

図 4.4　有機JASマークなし豆腐の表示

大豆使用と表示）は北陸地方以西，特に，近畿地方，東海地方，北陸地方で多くみられるが，いずれにしても中部地方（東海地方および北陸地方）以西で有機JASマークや無農薬有機大豆に関心がもたれていると考えてよい．

ここでいう無農薬有機大豆は国内ではほとんど生産されておらず，海外からの輸入品でまかなわれているのが現状である（日本豆腐協会）．図4.3には有機JASマーク付き豆腐，図4.4には有機JASマークなし豆腐の表示の実態を包装の実例で紹介した．有機JASマーク付き豆腐は有機豆腐や健康豆腐と表示されたり，単に木綿豆腐などいろいろな名称が使われているが，有機JASマークなし豆腐の場合は木綿豆腐の表示しかみられない．

③　遺伝子非組換え大豆

次に，遺伝子非組換え大豆の使用については38.1％を占めるが，もちろん

国産大豆および無農薬有機大豆の合計の45.3%も遺伝子非組換え大豆に該当することから，遺伝子非組換え大豆使用のものは全部を合計すると前述したように80%以上を占めることになる．このような原料大豆に対するこだわりは第2章の消費者意識調査結果の表2.4に示したように，消費者の安全安心志向からくるものと考えられ，この傾向は年々増大してきている．

2) 凝固剤

豆腐製造用の凝固剤は木綿豆腐や絹ごし豆腐ではすまし粉，充填豆腐はグルコノデルタラクトンの使用が一般的である．しかしながら，表2.3に示したように最近の消費者の健康および安全安心ニーズから，木綿，絹ごし，充填，おぼろ豆腐のすべての豆腐に消費者はニガリの使用を求めていると解釈されよう．

それでは現代の商品としての実態はどうであろうか．凝固剤に関する調査結果を表4.3に示す．ニガリ使用は全体平均で約70%を占めており，表2.3に示した消費者ニーズを反映した結果となっている．地域別にみてみると，

表4.3 包装上に記載された凝固剤，消泡剤および水の地方別比較

	地方名	試料数	凝固剤			消泡剤			水 (名水・山系水など特殊な水)
			ニガリ	ニガリとすまし粉の併用	合計	使用せず	消泡剤GFE*	合計	
平野部	北海道地方	45	64.4	6.7	71.1	6.7	44.4	51.1	2.2
	東北地方	43	58.1	2.3	60.4	9.3	41.9	51.2	4.7
	関東地方	52	86.5	9.6	96.1	19.2	38.5	57.7	19.0
	北陸地方	27	74.1	14.8	88.9	18.5	25.9	44.4	18.5
	東海地方	27	66.7	25.9	92.6	11.1	66.7	77.8	14.8
	近畿地方	40	55.0	40.0	95.0	7.5	67.5	75.0	10.0
	中国地方	41	63.4	9.8	73.2	2.4	29.3	31.7	14.6
	四国地方	47	74.5	17.0	91.5	17.0	31.9	48.9	19.1
	九州地方	40	57.5	0	57.5	5.0	5.0	10.0	7.5
	沖縄地方	26	100	0	0	100	0	100	7.7
	平野部平均	388	69.3	12.3	81.7	16.7	35.8	52.6	11.8
山間部	四国地方	5	100	0	100	0	100	100	100
	北陸地方	11	100	0	100	18.2	81.8	100	100
	山間部平均	16	100	0	100	12.5	87.5	100	100
	全国平均	404	70.5	11.9	82.4	16.6	37.9	54.5	15.3

＊ グリセリン脂肪酸エステル．

2. 包装表示から読みとれる情報

沖縄地方および四国・北陸山間部はすべてニガリ使用となっており，関東地方も 86.5% と高い比率である．ニガリ単独やニガリとすまし粉の併用まで含めたニガリと関わりをもってつくられる豆腐は 82.4% を占め，80% 以上がニガリ使用となっている．このニガリ志向も原料大豆の場合と同様，消費者の安全安心および美味しい味を求める強いニーズに対する豆腐メーカー側の対応とみてよいであろう．

沖縄地方の豆腐で特徴的な点は，凝固剤の他にナトリウムを含む添加物，例えば「シママース」(商品名)や食塩の表示がほとんどの商品にみられることである．沖縄地方以外の豆腐中のナトリウム含量については，後述するミネラル成分調査の項で説明を加えたい．

3) 消泡剤

豆腐製造において呉汁や豆乳を加熱する際，泡が発生する．この発泡は大豆を高濃度で磨砕や加熱する際の蛋白質の変性が大きな原因であるが，成分として発泡を促進するサポニンなどを含有することも原因としてあげられる．そこでこの発泡を抑えるために消泡剤の使用が一般的となっている．消泡剤はグリセリン脂肪酸エステルの使用が最も一般的であるが，カルシウム塩や食用油の使用もみられる．

消泡剤に関する調査結果を表 4.3 に併記した．沖縄地方はすべてに消泡剤の使用はみられず，消泡剤不使用率は 100% である．この消泡剤不使用は，沖縄地方においては第 2 部・第 1 章の図 1.3 に示す，生絞り法を採用しているためである．この生絞り法による豆腐製造の特徴は呉汁を加熱せずにオカラを濾すところにある．すなわち，豆の磨砕後に得られる呉汁を加熱して濾過する煮取り法のような呉汁の加熱による発泡がなく，消泡剤を使わなくても豆腐を作ることができるのである．生絞り法では呉汁を濾した後の豆乳ではじめて加熱されるため，豆乳加熱による発泡は少なく，固形分が低いことも一因であるが，手ですくって除くことができる程度の発泡でしかない．

沖縄地方以外の地域では一般的には煮取り法を採用している．特に，オカラ除去前の呉汁段階での加熱により発泡が激しいため，どうしても消泡剤に頼らざるを得ない．このような理由から，全国平均でも消泡剤不使用率は 16.6% と低くなっているのであろう．

消泡剤不使用による豆腐の製造が多い地域は沖縄地方以外では関東地方の19.2%，北陸地方の18.5%があげられ，関東中心型となっている．一方，消泡剤使用による豆腐の製造が多い地域は近畿地方および東海地方であり，近畿中心型といえよう．

4) 水

豆腐の品質を左右する大きな要因の1つは使用する水の質であるといわれている．水の質が豆腐の味・風味とどう関わっているのか，はっきり証明されたわけではないが，江戸時代の昔から良い水の出る井戸をもつことが豆腐製造の第一の条件とされてきた．このような理由から，水の質とは何を指すのかが重要である．おそらく，水に含まれるミネラル成分，例えばマグネシウム，カリウムなどを多く含むことを指していると考えられている．確かに井戸水と水道水とではミネラル成分の量とバランスに差がある．今日では使用される水については名水，伏流水，山系水などの表示が目につく．

使用水についての調査結果を表4.3に併記した．この表より，水道水以外の特殊な水の選択は全国平均で15.3%と，ほぼ消泡剤不使用の場合と同程度しか示されていない．地域別にみると，四国地方19.1%，関東地方19.0%および北陸地方18.5%が高い．一方，北海道地方2.2%，東北地方4.7%は非常に低く，九州地方7.5%，沖縄地方7.7%も低い地域に分類されよう．四国および北陸の山間部では，ともに山からの引き水や井戸水の使用がほとんどとなっており，水道水や市水は全く使用されていない．

2.2 重量・形状

1) 重量

1丁あたりの豆腐重量の調査結果を表4.4にまとめ，さらに図4.5に地域別に図示する．豆腐重量の全国平均は390gであり400gを切っている．地域別にみると，四国山間部は733gと最も重く，ついで北陸山間部572g，沖縄地方535gがこれに続いている．これら3地域以外では400gを切る重量となっている．最も軽かったのは近畿地方346gと四国地方348gであり350g以下を示している．

豆腐重量に関連して，沖縄地方では1個900g程度の大きさでスーパーに

2. 包装表示から読みとれる情報

表 4.4　木綿豆腐の重量と形状の地域別比較

地方名		試料数(個)	豆腐重量(g/1丁)	豆腐サイズと上面表面積	
				縦×横×高さ (cm)	上面表面積 (cm^2)
平野部	北海道地方	45	381 ± 90	7.4 × 11.1 × 5.0	82.1
	東北地方	43	400 ± 100	8.8 × 10.6 × 4.3	93.3
	関東地方	52	356 ± 65	8.3 × 11.3 × 4.1	93.8
	北陸地方	27	342 ± 64	8.9 × 10.6 × 4.0	94.3
	東海地方	27	373 ± 76	8.0 × 10.9 × 4.7	87.2
	近畿地方	40	346 ± 76	9.7 × 10.5 × 3.7	101.9
	中国地方	41	396 ± 60	8.7 × 9.8 × 4.9	85.3
	四国地方	47	348 ± 68	8.3 × 10.2 × 4.7	84.7
	九州地方	40	381 ± 58	7.8 × 9.5 × 5.6	74.1
	沖縄地方	26	535 ± 128	7.2 × 12.2 × 6.1	87.8
	平野部平均	388	381 ± 77	8.3 × 10.6 × 4.7	88.4
山間部	四国地方	5	733 ± 29	9.0 × 9.3 × 9.0	83.7
	北陸地方	11	572 ± 175	9.1 × 10.4 × 6.5	94.6
	山間部平均	16	622 ± 129	9.1 × 10.1 × 7.3	91.2
全国平均		404	390 ± 79	8.4 × 10.6 × 4.8	88.5

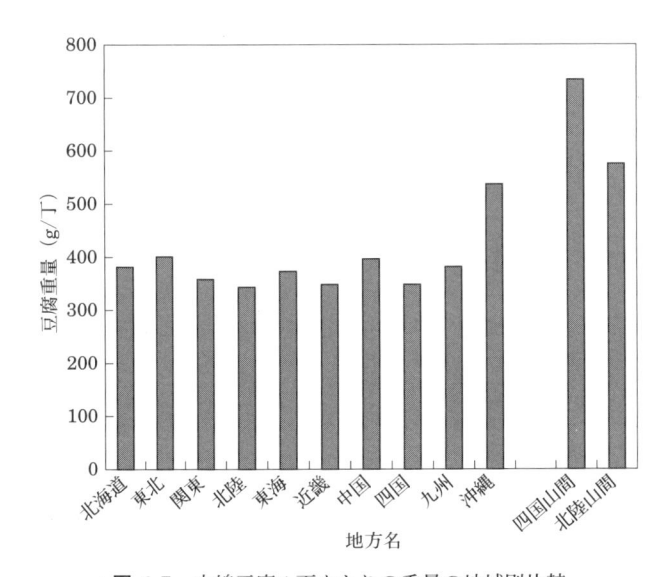

図 4.5　木綿豆腐1丁あたりの重量の地域別比較

卸され，店では900gのものをそのまま店頭に並べるか，もしくは消費者のニーズにあわせて半分に切って450g程度で販売する場合も多いため，450gから900g程度と重量の幅がみられるのが特徴であり，重量のバラツキも大きい．

　豆腐重量は豆腐の食べ方とも関連していると考えられる．豆腐重量が重い沖縄地方や四国山間部，北陸山間部では炒め物，煮物，揚げ物，鍋物，焼き物の豆腐料理が多種類みられ，かつ，よく食べられている．このように豆腐料理のバリエーションが多く，かつ食生活の中にしっかりと定着している地方では1丁の重量が重くなっているといえよう．

2) 形　　状

　木綿豆腐の形状についての調査結果を表4.4に併記した．豆腐形状，すなわち，短辺×長辺×高さは地域によって差異がみられる．その地域間の短辺，長辺（または，縦，横）および高さ（厚さ）の違いをわかりやすく示したのが図4.6である．長辺÷短辺の値が小さいほど正方形タイプであり，値が大きいほど長方形タイプとみなせる．この値を山間部と平野部で比較すると，山

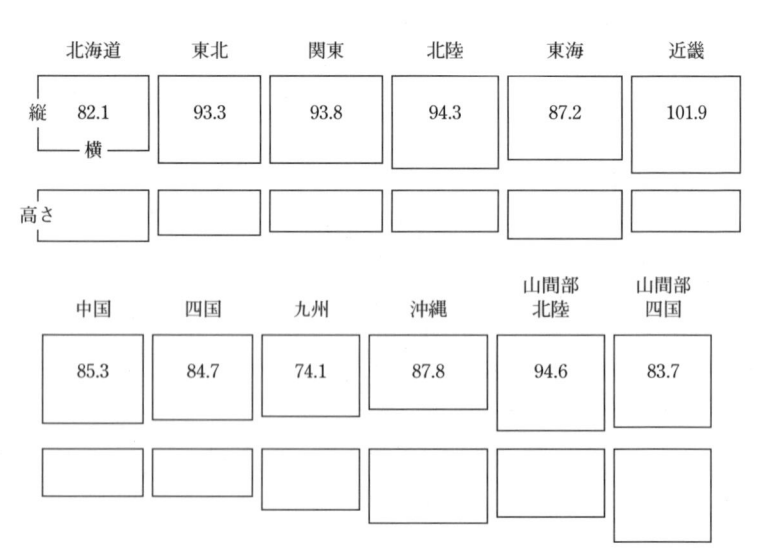

北海道	東北	関東	北陸	東海	近畿
縦 82.1 横	93.3	93.8	94.3	87.2	101.9
高さ					

中国	四国	九州	沖縄	山間部 北陸	山間部 四国
85.3	84.7	74.1	87.8	94.6	83.7

図4.6　木綿豆腐の形状の地域別比較
　　図中の数字は上表面積（cm^2）

間部平均1.11は平野部平均1.28より小さいことから，山間部の方がより正方形タイプとなっている．それでは平野部の中ではどうか．近畿地方 (1.08)，中国地方 (1.12) は山間部と同程度の値で，まさに正方形型を呈しているといえる．一方，沖縄地方 (1.70)，北海道地方 (1.50) は明らかに長方形型となっている．これら以外の地域は中間型といえるが，どちらかというと北陸地方 (1.19)，東北地方 (1.20)，九州地方 (1.22)，四国地方 (1.23) は正方形タイプであり，関東地方 (1.36)，東海地方 (1.36) は長方形タイプに属するといえる．

さらに，短辺×長辺による上表面積でみると，近畿地方 (101.9 cm^2) が最も大きく，九州地方 (74.1 cm^2) が最も小さい．近畿地方に位置する京都では昔から「京豆腐」と呼ばれ有名であるが，それは平べったく上表面積が大きい．図4.6をみても確かに近畿地方の豆腐は縦・横が大きく，厚みがない結果となっており，我々が抱いている感覚的なものと一致する．北陸地方の豆腐 (94.3 cm^2) もこの京タイプの豆腐に近い形状をもっており，京都の食文化は北陸地方に影響を与えていると推測できる．

高さ（厚さ）は近畿地方の 3.7 cm から四国山間部の 9.0 cm まで幅広く存在し，四国地方から東北地方にかけた地域では 4.1～4.9 cm と薄い傾向を示している．この厚さが薄くなるのは，商品訴求の文字を書くため一定の包装上表面積を確保する必要性と，近年の豆腐の軽量化傾向の二面から，豆腐の厚みを薄くする以外に対策がないと考えられる．関東地方の豆腐が 4.1 cm と薄くなっているのはこの理由からと思われる．

前述した京豆腐の場合は高さがなく平べったいと述べたが，確かに現在でも京都を含む近畿地方の豆腐は各地域の間で最も薄く 4 cm を切っている．この背の低い形状をとる理由は湯豆腐に適しているためとか，豆腐がやわらかいため壊れないようにしているためとか言われている．このような京豆腐の形状は豆腐の軽量化傾向や商品訴求のための上表面積確保からくるものではなく，昔ながらの伝統的なものが継承されてきているためであるといえる．

2.3 価　　　格

豆腐1丁あたりの価格についての調査結果を表4.5および図4.7に示す．100 g あたりの全国平均価格は33.6円であり，北陸地方 (38.5円)，近畿地方

第1部 第4章 木綿豆腐の原料・製法・品質に関する地域性

表4.5 木綿豆腐の価格・賞味期限・固形分の地域別比較

	地方名	試料数(個)	価格(円/100g)	賞味期限(日)	固形分(％)
平野部	北海道地方	45	31.1 ± 7.2	4.9 ± 1.5	15.9 ± 1.4
	東北地方	43	30.5 ± 11.6	5.3 ± 1.8	16.0 ± 1.2
	関東地方	52	34.6 ± 14.0	5.4 ± 2.0	15.9 ± 1.6
	北陸地方	27	38.5 ± 11.7	4.8 ± 1.9	17.2 ± 2.2
	東海地方	27	35.8 ± 12.5	4.4 ± 1.6	15.3 ± 1.8
	近畿地方	40	38.1 ± 10.1	5.1 ± 2.0	15.5 ± 1.7
	中国地方	41	31.1 ± 11.3	4.5 ± 1.6	15.3 ± 1.6
	四国地方	47	35.0 ± 10.2	5.6 ± 2.2	16.7 ± 2.6
	九州地方	40	27.7 ± 8.9	4.0 ± 1.2	16.8 ± 2.0
	沖縄地方	26	26.0 ± 5.4	3.9 ± 0.7	18.4 ± 1.9
	平野部平均	388	32.8 ± 10.8	4.9 ± 1.7	16.2 ± 1.8
山間部	四国地方	5	28.2 ± 1.7	3.0 ± 0.0	21.1 ± 2.8
	北陸地方	11	63.5 ± 23.2	3.8 ± 1.5	23.9 ± 4.1
	山間部平均	16	52.5 ± 16.5	3.6 ± 1.0	23.0 ± 3.7
	全国平均	404	33.6 ± 11.0	4.8 ± 1.7	16.5 ± 1.9

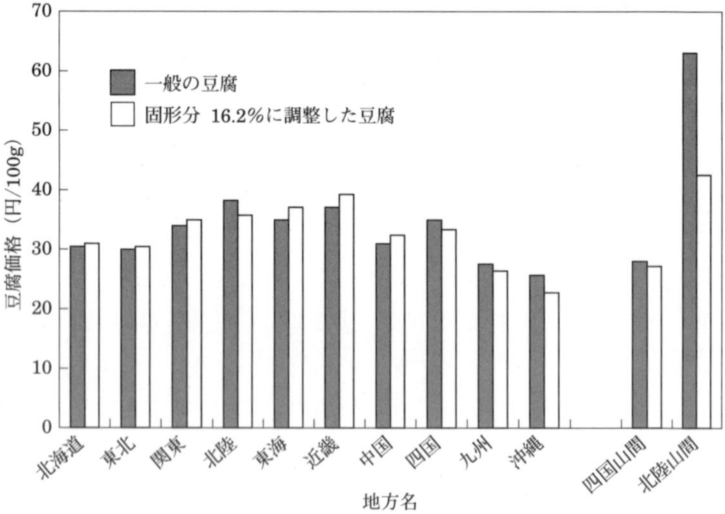

図4.7 木綿豆腐の価格に関する地域性

(38.1円)では高く,沖縄地方(26.0円),九州地方(27.7円)の西日本と東北地方(30.5円),北海道地方(31.1円)の北日本で低いという地域性がみられる.この傾向は図4.7から一目瞭然であり,近畿地方,北陸地方,東海地方を頂点とし,北海道地方,東北地方や沖縄地方,九州地方をすそ野とする分布パターンを示している.

価格の地域間の有意差検定結果を表4.6に示す.最も価格が高い近畿地方は関東地方との間での有意差はみられないが,四国地方との間で危険率5%以下,さらに関東地方と四国地方以外の地域との間では危険率1%以下で有意差を有している.一方,最も価格の安い沖縄地方は東北地方および九州地方との間では有意差はみられないが,中国地方と危険率5%以下で,その他の地域との間では危険率1%以下で有意差が認められる.つまり,近畿地方は関東地方以外の8地域よりは有意に価格が高く,また沖縄地方は東海地方と九州地方以外の7地域と比較して有意に価格が安いことを示している.

表4.6の見方が少し複雑なので説明を加えると,例えば価格における近畿

表4.6 木綿豆腐の価格および固形分の地域間における有意差検定

固形分＼価格	北海道	東北	関東	北陸	東海	近畿	中国	四国	九州	沖縄	北陸山間	四国山間
北 海 道				**	*	**		*		**	**	*
東 北			*	**	*	**		**			**	
関 東										**	**	**
北 陸	**	*	**			**	**		**	**	**	**
東 海				**		**	*			**	**	**
近 畿				**			**	*	**	**	**	**
中 国		*		**						*	**	
四 国										**	**	*
九 州										**		
沖 縄	**	**	**	*	**	**	**	**				
北陸山間	**	*	**	**	**	**	**	**	**			**
四国山間	**		*	**	*	**	**	**	*			

＊ は危険率5%をもって有意である.
＊＊ は危険率1%をもって有意である.
　　一地方の検定は▆▆にそって読みとることができる.

表 4.7　豆腐価格に影響を及ぼす大豆と凝固剤の種類

地方名	価格（円/100 g）		
	ニガリ 国産大豆	ニガリ 輸入大豆*	すまし粉 輸入大豆*
北海道・東北地方	38.5	29.5	24.5
関東・近畿地方	43.0	30.8	27.0
北陸・東海地方	47.4	40.0	29.6
中国・四国地方	40.2	29.6	20.6
九州・沖縄地方	36.0	26.7	20.3
全国平均	41.3	31.3	24.7

＊ 輸入大豆とはラベル表示で「大豆」「丸大豆」「遺伝子非組換え大豆」と表示されたもので、「国産大豆」「無農薬有機栽培大豆」の表現をとっていないものを指す.

地方の他の地方に対する有意差をみる場合、網かけしたように読み取る. 固形分の場合は、例えば北陸地方では同様に網かけ部分に沿って読み取る.

　原材料の種類による豆腐価格への影響を解析した結果を表 4.7 に示す. ニガリ使用で国産大豆もしくは無農薬有機大豆を原料としたものの豆腐価格は全体平均100 g あたり41.3 円であり、一方、ニガリ使用で通常の輸入大豆によるものは31.3 円、さらに通常の輸入大豆ですまし粉使用のものは24.7 円である. この価格差を1丁400 g に換算すると、国産大豆・無農薬有機栽培大豆と輸入大豆との間の豆腐価格差は40.0 円、ニガリとすまし粉間の価格差は24.7 円となり、豆腐価格には凝固剤よりも大豆種類の影響が大きいことがわかる. しかしながら、第2章の表2.4 に示した輸入大豆と国産大豆による豆腐価格差が1丁あたり20～30 円までは消費者から受け入れられるという結果からすれば、この両原料大豆による40円の開きは現実的に若干高いように思われる.

　前述した有機JASマーク付きとJASマークなし（ただし無農薬有機大豆使用）の間の価格差には関心がもたれる. この両者の価格差を表4.2に併記している. この表より、有機JASマーク付き（33.4円）とJASマークなし（33.6円）の間の価格差は全くみられず、これらの価格は全試料の平均価格（32.8円）と比べても、1丁あたり3～4円程度しか高くなっていない. このことから、他社の豆腐との差別化の手段として有機JASマークや無農薬有機大豆使用を

アピールしていると考えられるが，これらの高価な原料を使うことによる製造原価のアップ分を商品の値段で吸収することができず，製造メーカーの負担となっているようである．

2.4 日持ち（賞味期限）

豆腐の日持ちについての調査結果を表4.5に併記した．賞味期限は3.0日から5.6日までの幅を示し，最長のものは最短のものに比べて2倍弱の日持ち性を有している．地域的にみれば，国内中央地域に位置する地方では長い賞味期限を示しているようだ．

豆腐の日持ちを示す表示法としては賞味期限，消費期限，品質保持期限および製造日を示す製造年月日が用いられており，地域別にこれらの表現の実態を表4.8にまとめた．この表より，日持ち表現に関して70％以上は「消費期限」表示をとっており，「賞味期限」は23.4％で，この両表示でほとんどを占めている．この消費期限と賞味期限の表示の使い分けは，豆腐製造後の日持ち日数が4日以内の場合は「消費期限」を，5日以上の場合は「賞味期限」表示がとられている．現在では消費期限表示が大部分を占めることから，日持ちは4日以内の豆腐が多く出回っているといえる．

豆腐購入時の基準の1つとして製造年月日表示に対する意識に高い結果が

表4.8 賞味期限，製造年月日表示の地域別比較

地方名	賞味期限 (%)	消費期限 (%)	品質保持期限 (%)	製造年月日が表示されたもの		
				製造年月日 (%)	製造年月日と他の表示の併用 (%)	合計 (%)
北海道地方	15.2	81.8	3.0	0	15.2	15.2
東北地方	11.4	71.4	17.1	0	14.3	14.3
関東地方	13.8	82.8	3.4	4.0	41.4	41.4
北陸地方	36.0	60.0	0	0	32.0	36.0
東海地方	19.2	80.8	0	0	23.1	23.1
近畿地方	54.8	41.9	0	3.2	16.1	19.3
中国地方	25.0	75.0	0	0	6.3	6.3
四国地方	35.7	64.3	0	0	50.0	50.0
九州地方	11.1	88.9	0	0	5.6	5.6
沖縄地方	11.8	70.6	0	17.6	17.6	35.2
全国平均	23.4	71.7	2.4	2.4	22.2	24.6

得られている[19]．法律では，製造年月日のみの表示は平成7年より禁止されているにもかかわらず，製造年月日単独表示は2.4%存在していた．なお，製造年月日単独表示に消費期限や賞味期限との併記を含めると24.6%に達している．また消費期限表示は九州地方で，一方，賞味期限表示は近畿地方で高く，製造年月日併記のものは四国地方で50%に達している．

意識調査結果から消費者のもつ感覚では，消費期限や賞味期限の表現の差はあまり気にしていないと思われる．すなわち，消費者は「この豆腐はいつまで日持ちするのか」よりもむしろ「この豆腐はいつ作られたのか」ということを知りたいというニーズの方が強いようである．消費者の意識からみれば製造年月日を見て豆腐を買う傾向が強いことからすると，製造年月日と賞味期限や消費期限の併記が望ましいのであろう．

3. 成 分 組 成

固形分濃度は全試料を対象とし常圧乾燥法に従って測定したものである．さらに，全試料中61個について，蛋白質含量はケルダール法により，ミネラル含量は原子吸光法によって求めた．測定用試料は，測定時点でリークした水は容器を傾け1回だけ水を切ったものを用いた．すなわち，豆腐試料は放置すると時間経過とともに離水がみられるため，包装を切ってリークした水を一度だけ除いたものを豆腐試料とし，その後リークした水は捨てることなく，豆腐を均一に摺りつぶして固形分，蛋白質およびミネラル測定用とした．

3.1 固 形 分

全試料の固形分分析結果を表4.5に併記した．山間部を除く平野部の固形分の全体平均値は16.2±1.8%である．沖縄地方は18.4%と高く，東海，中国および近畿地方は15.5%以下と全体平均と比較して低い．表4.6に固形分に関する地域間での有意差検定結果を併記した．平野部でみると沖縄地方は他のすべての地域との間で危険率1%以下で非常に高い有意差がみられる．

3. 成 分 組 成

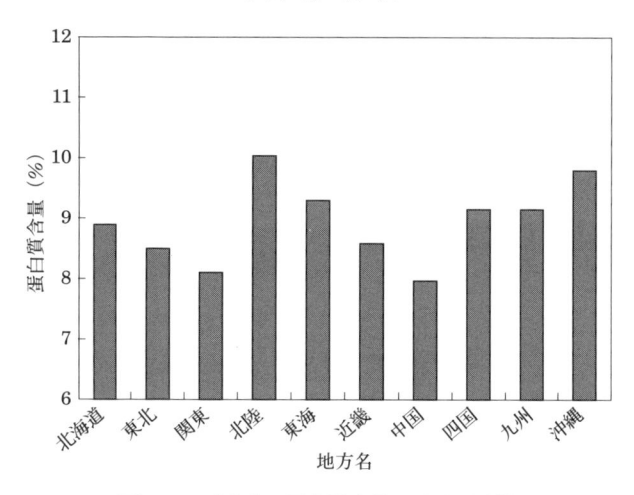

図4.8 豆腐中の蛋白質含量の地域別比較

3.2 蛋 白 質

蛋白質含量の測定結果を図4.8に示す．全体平均では9.0%であるが，山間部を抱えた北陸地方で10.0%および生絞り法採用の沖縄地方では9.7%と高くなっている．蛋白質含量の低い地域は中国地方の7.9%，関東地方の8.1%である．

3.3 ミ ネ ラ ル

「塩化マグネシウム」「塩化マグネシウム含有物」「ニガリ」と表示されたニガリ使用の50試料，「塩化マグネシウムと硫酸カルシウムの併用」と表示された2試料および「凝固剤」「硫酸カルシウム」表示のすまし粉使用と考えられる9試料の合計61試料について，試料ごとのミネラル分析結果を表4.9に示し，また表4.10にはニガリ単独使用とそうでないものの平均含量を別々にまとめて示す．

表4.9よる個々のミネラル分析値からニガリ使用の50試料についてみると，マグネシウム量が明らかにカルシウム量よりも高く，表示どおりとみなせるものは80%強の42試料しかなく，ニガリ使用と表示しながらニガリとすまし粉の併用とみなせる6試料（k, o, p, cc, ll, qq）は明らかにニガリ単独使

第1部 第4章 木綿豆腐の原料・製法・品質に関する地域性

表 4.9 市販木綿豆腐のミネラル分析結果

	地方名	購入先	凝固剤表示	ミネラル (mg)				地方名	購入先	凝固剤表示	ミネラル (mg)		
				Mg	Ca	Na					Mg	Ca	Na
a	北海道	札幌市	ニガリ	177	42	86	ee	東海	岐阜県	塩化 Mg	110	56	23
b		札幌市	ニガリ	138	69	140	ff		愛知県	塩化 Mg 含有物	74	164	12
c		函館市	ニガリ	173	86	115	gg		静岡県	塩化 Mg 含有物	143	49	24
d		旭川市	ニガリ	156	83	100	hh		静岡県	塩化 Mg	178	43	38
e		稚内市	ニガリ	183	72	110	ii		岐阜県	凝固剤	55	219	17
f		網走市	凝固剤	105	124	124	jj		愛知県	硫酸 Ca	59	158	4
g	東北	岩手県	ニガリ	291	45	38	kk	近畿	京都府	塩化 Mg 含有物	121	48	4
h		岩手県	ニガリ	211	41	126	ll		京都府	塩化 Mg	64	98	29
i		宮城県	ニガリ	150	69	52	mm		兵庫県	塩化 Mg	180	118	59
j		山形県	ニガリ	152	44	70	nn		奈良県	海精ニガリ	151	107	58
k		秋田県	ニガリ	93	195	98	oo		京都府	硫酸 Ca	60	119	15
l		秋田県	凝固剤	115	134	59	pp	中国	広島県	塩化 Mg	224	61	36
m	関東	神奈川県	塩化 Mg	178	43	38	qq		岡山県	塩化 Mg	147	149	82
n		神奈川県	塩化 Mg	167	41	35	rr		山口県	塩化 Mg	239	72	29
o		神奈川県	塩化 Mg 含有物	107	87	72	ss	四国	香川県	ニガリ	178	43	38
p		群馬県	塩化 Mg 含有物	129	124	95	tt		香川県	塩化 Mg	90	68	51
q		栃木県	塩化 Mg	219	38	49	uu		徳島県	塩化 Mg	177	48	68
r		茨城県	塩化 Mg	250	58	48	vv		徳島県	ニガリ	98	54	574
s		神奈川県	凝固剤	46	129	5	ww		徳島県	塩化 Mg 硫酸 Ca	59	104	43
t	北陸	石川県	塩化 Mg	103	69	75	xx		香川県	硫酸 Ca 塩化 Mg	58	220	9
u		石川県	天然ニガリ	261	103	48	yy		香川県	凝固剤	57	136	77
v		石川県	天然ニガリ	324	98	38	zz	九州	鹿児島県	塩化 Mg	173	83	38
w		石川県	塩化 Mg	113	45	23	aaa		熊本県	塩化 Mg	178	43	40
x		石川県	ニガリ	125	55	4	bbb		宮崎県	塩化 Mg	182	104	51
y		福井県	塩化 Mg	48	119	17	ccc		福岡県	塩化 Mg	182	40	45
z		長野県	塩化 Mg 含有物	181	95	38	ddd		福岡県	塩化 Mg	194	125	61
aa		長野県	塩化 Mg 含有物	166	75	51	eee	沖縄	那覇市	ニガリ	170	49	196
bb		長野県	塩化 Mg 含有物	185	86	27	fff		中頭郡	塩田ニガリ	192	55	176
cc		富山県	塩化 Mg 含有物	75	97	43	ggg		中頭郡	天然ニガリ	98	54	574
dd		富山県	凝固剤	46	168	28	hhh		中頭郡	塩田ニガリ	198	55	190
							iii		那覇市	凝固剤 (ニガリ)	222	72	245

用ではないとみなされ,すまし粉のみと判断されるものも2試料 (y, ff) にみられ,必ずしも表示と一致しない.

次に,「ニガリとすまし粉の併用」と表示された2試料 (ww, xx) ではニガリは使用されておらず,ほとんどすまし粉単独と推察され表示と一致しない.最後に,すまし粉使用と思われる「凝固剤」「硫酸カルシウム」表示の8試料

3. 成 分 組 成

表 4.10 木綿豆腐のミネラル成分分析結果

地方名	試料数(個)				ニガリ単独			すまし粉・ニガリ併用			すまし粉単独		
	ニガリ単独	すまし粉・ニガリ併用	すまし粉単独	合計	Mg (mg)	Ca (mg)	Na (mg)	Mg (mg)	Ca (mg)	Na (mg)	Mg (mg)	Ca (mg)	Na (mg)
北海道地方	5	0	1	6	165	70	110	—	—	—	105	124	124
東北地方	5	0	1	6	179	79	70	—	—	—	115	134	59
関東地方	6	0	1	7	175	65	56	—	—	—	46	129	5
北陸地方	10	0	1	11	158	83	36	—	—	—	51	194	23
東海地方	4	0	2	6	126	78	26	—	—	—	59	158	4
近畿地方	4	0	1	5	130	93	38	—	—	—	60	119	15
中国地方	3	0	0	3	203	94	49	—	—	—	—	—	—
四国地方	4	2	1	7	136	53	183	59	162	26	57	136	77
九州地方	5	0	0	5	183	79	47	—	—	—	—	—	—
沖縄地方	5	0	0	5	176	57	276	—	—	—	—	—	—
全国平均	51	2	8	61	163	75	78	59	162	26	62	124	38

表 4.11 五訂食品標準成分表に記載された豆腐類の分析値の抜粋

	水分 (%)	脂質 (%)	炭水化物 (%)	灰分 (%)	無機質 (mg/100g)		
					Mg	Ca	Na
木綿豆腐	86.8	4.2	1.6	0.8	31	120	13
絹ごし豆腐	89.4	3	2	0.7	44	43	7
ソフト豆腐	88.9	3.3	2	0.7	32	91	7
充填豆腐	88.6	3.1	2.5	0.8	62	28	5
沖縄豆腐	81.8	7.2	0.7	1.2	66	120	170
ゆし豆腐	90	2.8	1.7	1.2	43	36	240

(f, l, s, dd, ii, jj, oo, yy) のうち, 2試料 (f, l) を除く6試料では表示どおり, すまし粉単独使用とみられる. f および l の2試料はすまし粉とニガリの併用と思われる.

表4.10より, ニガリ使用豆腐の平均ミネラル含量はマグネシウム163 mg, カルシウム75 mgである. 確かに, マグネシウムがカルシウムよりも多く含まれているが, カルシウムもかなり含有しているようである. すまし粉とニガリ併用の豆腐はカルシウム162 mg, マグネシウム59 mgを含有し, すまし粉単独の豆腐はカルシウム124 mg, マグネシウム62 mgを含有している. 表4.11に『五訂日本食品標準成分表』[20]の記載値を抜粋して示すが, 木綿豆腐はカルシウム120 mg, マグネシウム31 mgとなっている. この成分表の

木綿豆腐はすまし粉単独のものであると考えられるが，マグネシウムは 31 mg と今回の測定結果の 62 mg の半分程度となっている．このように凝固剤やすまし粉表示の豆腐でマグネシウムが成分表よりも多くなっている理由は，味・風味の改良視点からと思われ，なるべくマグネシウムを使用する機会，例えばニガリとすまし粉の併用などが多くなってきていることを示している．

以上，ニガリ単独もしくはニガリとすまし粉の併用されたもので表示と一致しない試料が約 20% を占めたが，全体的にみると凝固剤としてニガリ使用の表示と一致する豆腐が多く販売されていると考えてよい．上記のように，『五訂日本食品標準成分表』に示されている木綿豆腐のミネラル標準値はカルシウム 120 mg，マグネシウム 31 mg である．この成分表の分析対象は 1998 年から 1999 年頃，すなわち今から 4〜5 年前の商品の実態を示している．今回の 2001 年から 2003 年にかけて実施した調査結果では，ニガリ使用豆腐が全体の 70% を占めていることから推察すると，既に『五訂日本食品標準成分表』に記載されている分析値は，2003 年現在商品として出回っている豆腐のミネラル組成とはかけ離れ，カルシウムとマグネシウムの含量の関係は逆転しているといえる．

ナトリウム含量については上記成分表の木綿豆腐は 13 mg，沖縄豆腐 170 mg となっている．表 4.9 および表 4.10 の分析結果から，沖縄地方の豆腐は 176

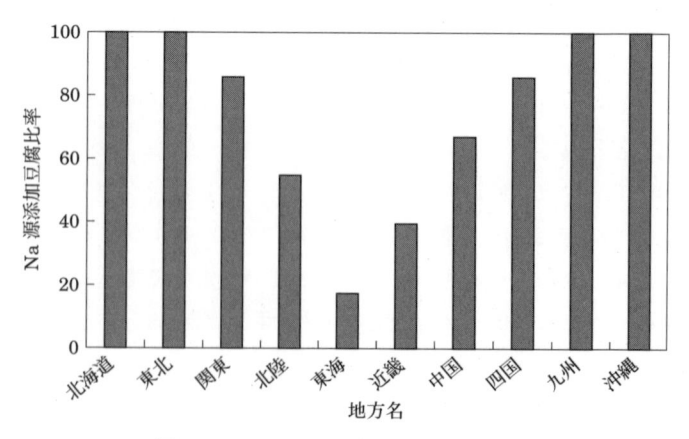

図 4.9 ナトリウム源添加豆腐の地域性

〜574 mg（平均276 mg）のナトリウムを含んでいる．沖縄地方以外の地域でもほとんどの豆腐で上記成分表記載の値を越えており，平均ナトリウム含量は約71 mgを示し，全試料中90％以上の豆腐でナトリウム由来の添加物が添加されていると考えられる．その添加量は平均値で沖縄地方の約4分の1程度と推察される．

　ナトリウム含量について，図4.9に地域別に比較して示した．この図では縦軸にナトリウム源が添加されていると推察される豆腐（ナトリウム30 mg以上）の全体に対する割合を示しており，ナトリウム含量における地域性は明らかである．東海地方を底に，南は沖縄地方・九州地方，北は北海道地方・東北地方に移るほどナトリウム添加豆腐は増加している．これまでは沖縄地方の豆腐だけがナトリウム分を含むとされてきたが，最近ではほとんどの豆腐にナトリウム塩が添加されているか，あるいはニガリ製剤中にナトリウム塩が添加されている場合がある．ナトリウム塩は豆腐の味を引き締めるために使用される．ニガリにナトリウム塩が添加されていることは，表4.10の「ニガリ単独使用」豆腐のナトリウム含量の平均値78mgに対して，「すまし粉単独使用」豆腐で38mg，「すまし粉・ニガリ併用」豆腐で26mgであることからも推測される．また，この豆腐のナトリウム含量も『五訂日本食品標準成分表』の値から大きくかけ離れている．

4. 味と食感に関する評価

　「あそこの豆腐は美味しい」という言葉をよく耳にする．この美味しいという意味は，豆腐の持つ豆らしい味・風味，香り，さらに程よい歯ごたえがあり，のどごしの良い豆腐をさしていると考えられる．この豆らしい味・風味，香りについては個人差があり，豆の味が強い豆腐が必ずしも美味しく好まれるとはいえない場合もある．そこで，豆腐の美味しさを具体的に「味・風味の強さ」という表現に変えて評価をおこなった．すなわち，強さの評価では人による捉え方や感じ方は同じであり，味・風味の強い豆腐は一般的には美味しいとして捉えられる場合が多いと考えられるからである．この味・風味の強さには香りの強さも含まれていると考える．

表 4.12 味・風味の強さの地域別比較

地方名		試料数(個)	味・風味の強さ(点)
平野部	北海道地方	45	2.3 ± 0.6
	東北地方	43	2.6 ± 0.7
	関東地方	52	2.4 ± 0.6
	北陸地方	27	2.3 ± 0.6
	東海地方	27	2.2 ± 0.6
	近畿地方	40	2.4 ± 0.6
	中国地方	41	2.2 ± 0.3
	四国地方	47	2.3 ± 0.4
	九州地方	40	2.3 ± 0.4
	沖縄地方	26	2.6 ± 0.5
平野部平均		388	2.4 ± 0.5
山間部	四国地方	5	2.6 ± 0.5
	北陸地方	11	2.7 ± 0.5
山間部平均		16	2.7 ± 0.5
全国平均		404	2.4 ± 0.5

また，豆腐の品質を左右する要素として味・風味の他に，のどごしや歯ごたえがあげられる．このテクスチャーに関連した評価としては，官能評価によるかたさおよびレオメータを用いた破断試験によるゲル強度および変形量を算出した．のどごしに関する評価は人により差異が生じやすいため，破断試験から求められるしなやかさの指標として捉えられる変形量を求めその値から推察した．豆腐は原則として製造後2日以内のものを評価している．

4.1 味と風味

味・風味の官能評価は味の素(株)の食品開発研究者3名により実施した．味・風味の強さに関しては豆の味，風味，うま味，甘味の総合的な強さを，5

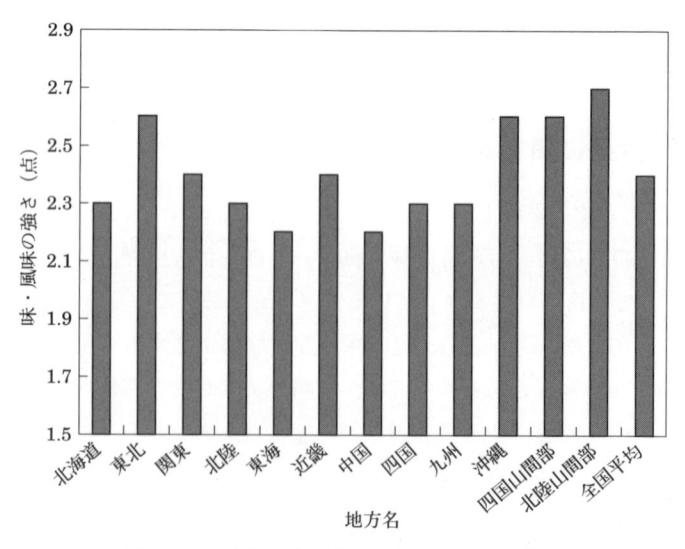

図 4.10 木綿豆腐の味・風味の強さの地域性

4. 味と食感に関する評価

表 4.13 木綿豆腐のゲル強度および味・風味の地域間における有意差検定

ゲル強度＼味・風味	北海道	東北	関東	北陸	東海	近畿	中国	四国	九州	沖縄	北陸山間	四国山間
北 海 道		*								*		
東 　 北					*		**	*	**			
関 　 東	**									*		
北 　 陸	**	**	**							*		
東 　 海				*						*		
近 　 畿		*	**	*			*					
中 　 国			**	*						**	*	
四 　 国	**	**	**		*	**	**			**	*	
九 　 州		**	**							*	**	*
沖 　 縄	**	**	**		*	*	**					
北陸山間	**	**	**	**	**	**	**	**	**	**		
四国山間	**	**	**	*	**	**	**	**	*	**		

* は危険率 5% をもって有意である．
** は危険率 1% をもって有意である．
表の見方は表 4.6 に準ずる．

点（非常に強い），4 点（かなり強い），3 点（強い），2 点（普通），1 点（弱い）の 5 段階で評価した．

　味・風味の強さに関する官能評価結果を表 4.12 および図 4.11 に示す．この結果より，味・風味の強さについては沖縄地方，東北地方および北陸・四国山間部で高く，その他の地域はほぼ同じレベルにあることを示している．また，表 4.13 には味・風味に関する有意差検定結果を示している．味・風味の強さに関して沖縄地方および東北地方間での有意差はみられないが，沖縄地方は近畿地方を除く 8 地域との間で，また東北地方は近畿地方および関東地方を除く 7 地域との間で危険率 1% 以下もしくは 5% 以下で有意差が認められる．この有意差検定結果の見方は，前出の表 4.6 と同じである．

　さらに，味・風味の強さの評価（5 段階評価）で 3.5 点以上を示した豆腐を表 4.14 に示す．評価が高かった豆腐は各地方に分散しており，特に地域的特徴はみられず，それぞれの豆腐メーカーで味の良い美味しい豆腐を作ることに努力しているものと思われる．この表には使用原材料も参考までに併記し

第1部　第4章　木綿豆腐の原料・製法・品質に関する地域性

表4.14　味・風味の優れた木綿豆腐（評点3.5以上）

地方名	評点(点)	使用原材料 大豆	使用原材料 凝固剤	使用原材料 消泡剤	使用原材料 水	味・風味・香りに関するコメント
北海道地方	3.5	丸大豆	塩化Mg含有物	消泡剤		ニガリ味，甘くコク
	4.0	国産緑大豆	凝固剤			香ばしい，きめ細かい
	3.5	国産無農薬大豆	海精ニガリ		湧水	くん煙臭，香ばしい
東北地方	4.0	国産大豆	ニガリ			コク，豆風味，甘味
	3.5	遺伝子非組換え	塩化Mg	不使用		うま味，非常に甘味強
	4.5	国産青ばた大豆	塩化Mg	GFA*	山系水	豆風味強，クリーミー
	3.5	国産青大豆	凝固剤	消泡剤		甘味，ねっとり
	4.0	国産大豆	塩化Mg			甘味，風味濃厚
関東地方	3.5	国産大豆	天然ニガリ			甘味強い，大豆らしい
	3.5	国産無農薬大豆	海精ニガリ		湧水	香ばしく，くん煙臭
	3.5	遺伝子非組換え	塩化Mg含有物	GFA	伏流水	甘味非常に強
	4.0	北海道産大豆	塩化Mg			甘味強く風味濃厚
北陸地方	3.7	国産大豆	塩化Mg含有物	GFA	伏流水	卵風味
	3.5	丸大豆	塩化Mg含有物			味濃厚，コク
	3.5	丸大豆	ニガリ	GFA	井戸水	豆の香り
東海地方	3.8	国産大豆	塩化Mg	GFA		甘味，うま味
	3.5	遺伝子非組換え	塩化Mg含有物			コク，甘味
近畿地方	3.7	丸大豆	塩化Mg含有物	GFA		豆のおいしさ
	4.0	青大豆	塩化Mg	食用油	軟水	コクと味濃い，甘味
	3.5	国産大豆	海精ニガリ			甘味，味濃い，ねっとり
中国地方	3.5	国産有機大豆	塩化Mg含有物	消泡剤		豆風味
四国地方	3.5	国産有機大豆	塩化Mg	不使用		甘味・豆風味強い
	3.5	国産大豆	塩化Mg含有物			豆風味，甘味
	3.5	国産大豆	塩化Mg	不使用		豆風味，甘味
九州地方	3.7	無農薬大豆	塩化Mg			コク，甘味
	3.5	国産大豆	塩化Mg			非常に甘味
沖縄地方	4.0	割り大豆	天然ニガリ			甘味とくん煙臭
	3.7	遺伝子非組換え	凝固剤(ニガリ)		軟水	濃厚で甘味
	4.0	丸大豆	凝固剤(ニガリ)			最も甘味強，コク

＊グリセリン脂肪酸エステル．

たが，味・風味の強さには凝固剤としてのニガリ使用の影響が大であるといえる．

4. 味と食感に関する評価

4.2 食　　感
1）官能評価による豆腐かたさ

　豆腐の官能によるかたさの評価については味・風味の評価と同様，食品開発者3名による評価とし，その尺度は10段階とした．1点を絹ごし豆腐のかたさ，2点を木綿豆腐の一般的なかたさ，5点をかための木綿豆腐のかたさ，10点を石川県の石豆腐のかたさとして評価した．評価を実施する前に基準となる1点，2点，5点および10点のかたさを示す豆腐を何度も試食することによってパネル間で認識を統一し，かつ，試食評価の際は評点を確認しながら評価した．

　官能検査によるかたさ評価結果を表4.15および図4.11に示す．これらの結果より，北陸地方，四国地方および沖縄地方の豆腐はかたく，関東地方および東北地方のものはやわらかいと評価された．北陸山間部および四国山間部の豆腐は同地方における平野部のものよりもさらにかたいと評価された．

　かたさに関する地域間での有意差検定結果から，かたいと評価された北陸地方，四国地方および沖縄地方の間で有意差はみられないが，四国地方は北

表4.15　木綿豆腐のかたさおよびレオメータ破断試験結果

	地　方　名	試料数 (個)	官能検査 かたさ (点)	レオメータ破断試験 ゲル強度 (g/m^2)	レオメータ破断試験 変形量 (mm)
平野部	北海道地方	45	2.5 ± 0.9	750 ± 232	5.3 ± 0.8
	東北地方	43	2.1 ± 1.0	658 ± 242	5.5 ± 0.8
	関東地方	52	2.0 ± 0.9	617 ± 195	5.4 ± 0.8
	北陸地方	27	3.9 ± 1.4	960 ± 282	5.8 ± 0.7
	東海地方	27	2.4 ± 1.4	733 ± 394	5.4 ± 0.9
	近畿地方	40	2.7 ± 1.2	792 ± 266	5.8 ± 0.8
	中国地方	41	2.6 ± 1.5	765 ± 339	5.5 ± 0.7
	四国地方	47	4.1 ± 2.5	1 031 ± 536	5.6 ± 1.1
	九州地方	40	2.9 ± 1.4	826 ± 264	5.5 ± 0.6
	沖縄地方	26	3.6 ± 1.8	968 ± 369	5.9 ± 0.8
	平野部平均	388	2.8 ± 1.4	798 ± 307	5.5 ± 0.8
山間部	四国地方	5	7.6 ± 1.8	1 917 ± 526	5.6 ± 1.1
	北陸地方	11	9.2 ± 1.1	2 447 ± 872	6.1 ± 0.8
	山間部平均	16	8.7 ± 1.3	2 281 ± 764	5.9 ± 0.9
	全　国　平　均	404	3.1 ± 1.4	857 ± 32	5.6 ± 0.8

第1部 第4章 木綿豆腐の原料・製法・品質に関する地域性

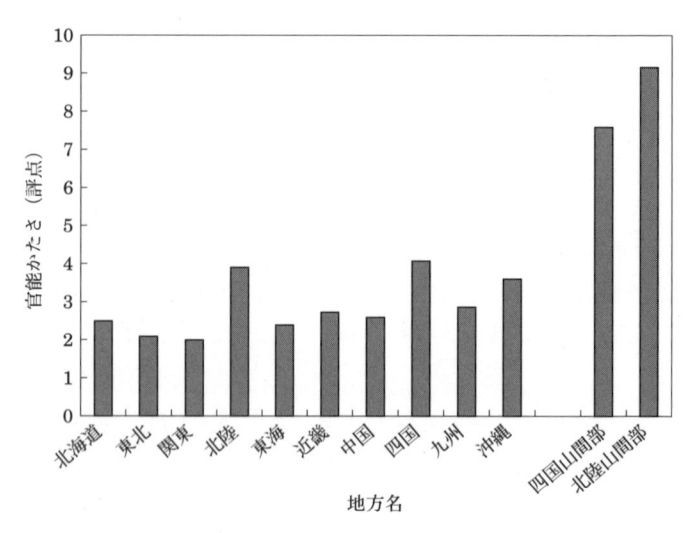

図4.11 木綿豆腐の官能かたさの地域別比較

陸地方および沖縄地方以外の7地域との間で1%以下の危険率以上の有意差が認められる．さらに，最もやわらかいと評価された関東地方の豆腐は東北地方を除く9地域との間で有意差がみられる．

2) レオメータ測定によるゲル物性

レオメータを用い豆腐ゲル物性を客観的に評価したの結果を表4.15に併記し，また図4.12に図示する．物性測定には不動工業製レオメータ(型式NRM-2002J)を用いて評価した．測定条件として，試料台スピード毎分6 cm，チャートスピード毎分15 cm，クリアランス5 mm，プランジャーは直径8 mmの平板を用いて測定した．試料サイズは底部から高さ2 cmとなるように上面をカットし，縦および横各約5 cmとした．測定回数は最低6回とし，最高値と最低値を除き残りの4回の値の平均値とした．測定項目は，かたさの指標となるゲル強度（kg/m^2）および破断時点のプランジャー進入距離，すなわち，破断するまでの変形値を示す変形量（mm）を算出した．

ゲル物性測定結果はかたさの評価と同様に平野部では四国地方が最も高く，ついで沖縄地方，北陸地方と続き，逆に関東地方および東北地方のゲル強度は低い．ゲル強度の尺度で全国的にみれば，西日本の方が東日本よりも高い

4. 味と食感に関する評価

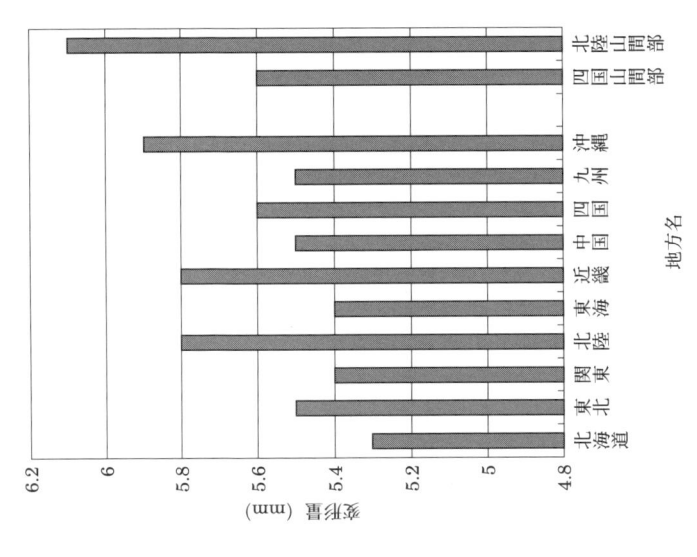

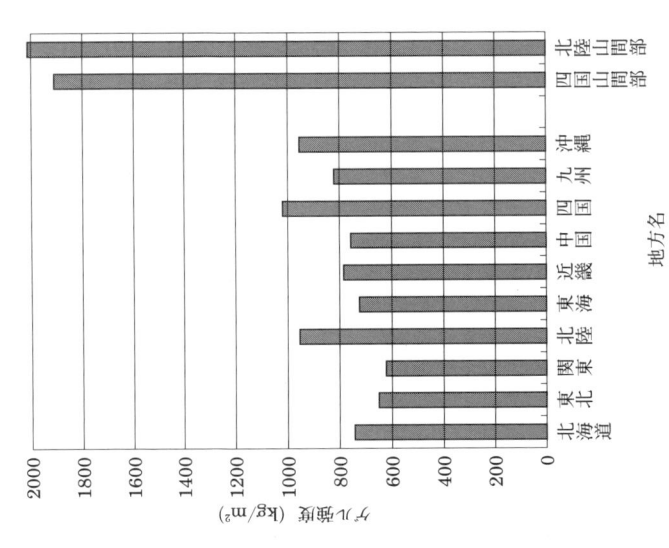

図 4.12 木綿豆腐のゲル強度および変形量に関する地域別比較

第1部 第4章 木綿豆腐の原料・製法・品質に関する地域性

数字はゲル強度（kg/m²）

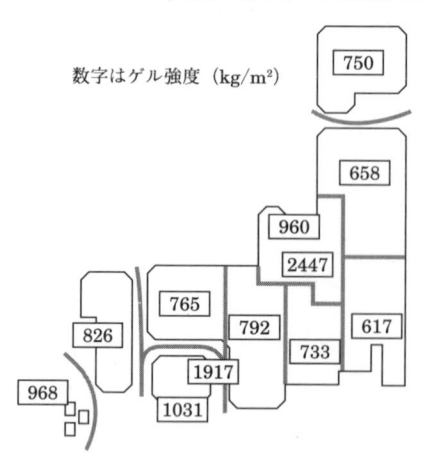

750
658
960
2447
765
792
826
617
1917
733
968
1031

図 4.13 木綿豆腐のゲル強度の国内分布

傾向を示していることはおもしろい現象といえよう．このことを日本地図の中でわかりやすく表現したものが図 4.13 である．

表 4.13 に併記したゲル強度に関する地域間での有意差検定結果から，ゲル強度はかたさと同様，ゲル強度が高い北陸地方，四国地方および沖縄地方の間では有意差はみられないが，四国地方は北陸地方および沖縄地方以外の 8 地域との間で有意差が認められる．ゲル強度の低かった関

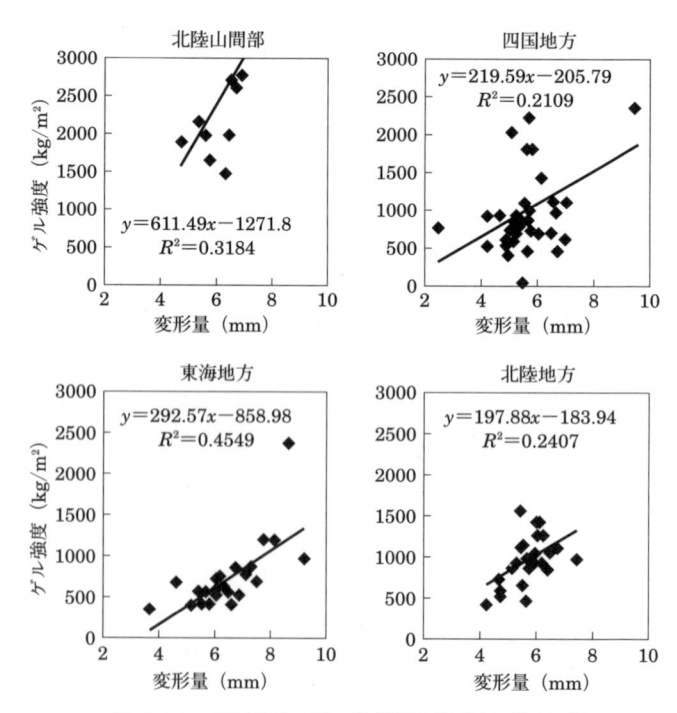

北陸山間部
$y = 611.49x - 1271.8$
$R^2 = 0.3184$

四国地方
$y = 219.59x - 205.79$
$R^2 = 0.2109$

東海地方
$y = 292.57x - 858.98$
$R^2 = 0.4549$

北陸地方
$y = 197.88x - 183.94$
$R^2 = 0.2407$

図 4.14 市販木綿豆腐の地域別物性比較（傾き大）

4．味と食感に関する評価

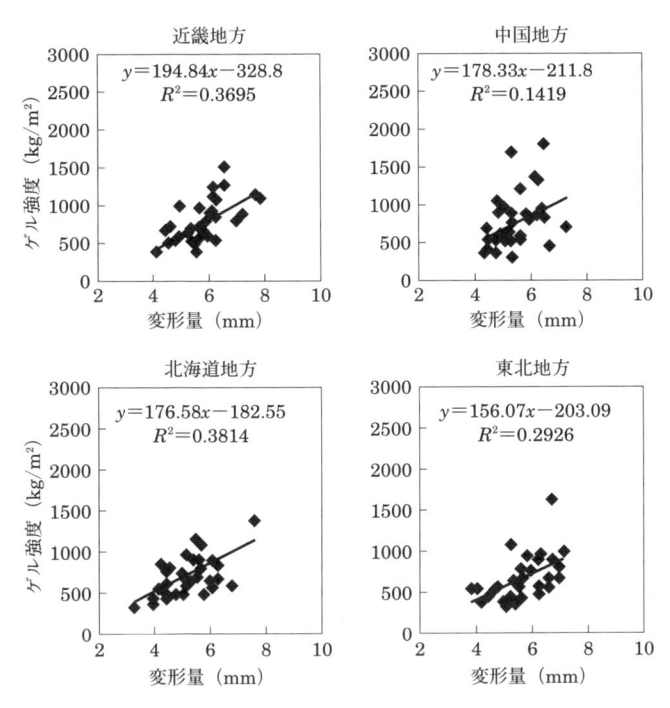

近畿地方
$y=194.84x-328.8$
$R^2=0.3695$

中国地方
$y=178.33x-211.8$
$R^2=0.1419$

北海道地方
$y=176.58x-182.55$
$R^2=0.3814$

東北地方
$y=156.07x-203.09$
$R^2=0.2926$

図 4.15　市販木綿豆腐の地域別物性比較（傾き中）

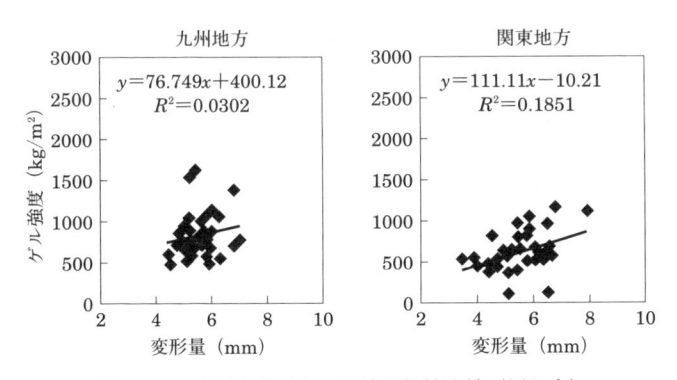

九州地方
$y=76.749x+400.12$
$R^2=0.0302$

関東地方
$y=111.11x-10.21$
$R^2=0.1851$

図 4.16　市販木綿豆腐の地域別物性比較（傾き小）

第1部 第4章 木綿豆腐の原料・製法・品質に関する地域性

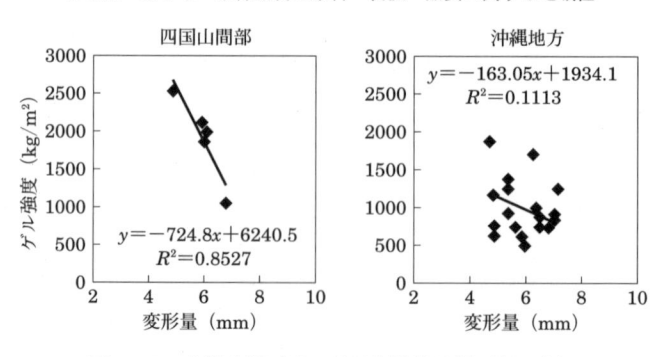

図 4.17 市販木綿豆腐の地域別物性比較（傾き負）

東地方は東北地方を除く8地域との間で有意差が認められる．変形量は沖縄地方と近畿地方で5.8〜5.9 mmと高い値を示し，その他の地域は5.3〜5.6 mmの範囲内にある．近畿地方の変形量はゲル強度の値が比較的低いもかかわらず高く，しなやかさを有する京豆腐の特徴を示しているといえる．沖縄地方の変形量は関東地方，北海道地方，中国地方および東北地方との間で有意差がみられる．

図4.14〜4.17に木綿豆腐のゲル強度と変形量の関係を，地域ごとに直線の傾きやその大きさに分けて図示する．この図は右肩上がりほどゴム弾性が強くなり，かたく弾力のある方向に変化すると解釈できる．図4.14には直線の傾きが大きい値をもつ北陸山間部，四国地方，東海地方，北陸地方を示す．これらの地域の豆腐はゴム弾性が強くしっかりした歯ごたえをもつといえる．図4.15には傾きが中程度の値をもつ近畿地方，中国地方，北海道地方，東北地方を示しており，これらの地域の豆腐は標準的なゴム弾性を有することから平均的な歯ごたえを有している．図4.16には傾きが小さい値をもつ九州地方および関東地方を示す．これらの地域の豆腐はゴム弾性が小さく弾力に欠け歯ごたえのないものとなっている．さらに図4.17には直線の傾きが負の値をもつ四国山間部および沖縄地方の豆腐の物性を示している．

図4.14〜4.16に示した豆腐はすべて直線が正のものであるが，図4.17に示される負の傾きをもつということは他の地域と比べて特異的な食感を有するといえる．この負の傾きをもつということは，高いゲル強度のものほど小

さな変形量を有する，すなわち小さな変形で豆腐が壊れてしまうという脆い歯ごたえをもつことを示しており，この2地域とそれ以外の地域の豆腐とは食感の質，すなわち壊れやすさの点で大きく異なっているといえる．

豆腐ゲルの物性について要約すると，弾力をもつ豆腐は北陸山間部，四国地方，東海地方，北陸地方に多く見られ，弾力の少ない豆腐は九州地方や関東地方に多くみられる．また，脆い歯ごたえの豆腐は四国山間部および沖縄地方にみられる．

表 4.16 かたさとゲル強度間の地域別の相関係数

地方名	「かたさ」と「ゲル強度」間の相関係数
北海道地方	0.948
東北地方	0.948
関東地方	0.907
北陸地方	0.909
東海地方	0.958
近畿地方	0.965
中国地方	0.915
四国地方	0.921
九州地方	0.898
沖縄地方	0.970
平均	0.922

ここで，2つの製法，生絞り法と煮取り法による豆腐のゲル強度の違いを一般的な平野部について整理してみよう．生絞り法による場合は試料30個の平均ゲル強度は947 kg/cm^2，変形量6.0 mmであり，煮取り法による343試料の平均ゲル強度は782 kg/cm^2，変形量5.5 mmである．生絞り法の方が高い物性値を示していることは興味深い．この理由として，製法の相違からくる固形分濃度の違いが考えられる．生絞り法による豆腐の平均固形分濃度は18.1%，煮取り法による豆腐は16.2%であり，両製法間での固形分の開きは2%で生絞りの方が高くなっている．この固形分の差がゲル強度の差となる原因の1つであると推察される．すなわち，生絞り法の場合は凝固のためには豆乳固形分濃度を高くする必要があることを示している．

最後に，表4.16に示すように，ゲル強度と前述の官能評価によるかたさの間の相関は高く，全体の豆腐における相関係数は0.922を示すことから，かたさはゲル強度で大部分表現することができることを示唆している．

5. 聞き取りによる調査

北陸山間部や四国山間部を含め国内各地の豆腐メーカーを訪問し，現在の

第 1 部　第 4 章　木綿豆腐の原料・製法・品質に関する地域性

図 4.18　伝統的な豆腐を製造する豆腐店

豆腐製造における使用原材料や装置および豆腐料理についての聞き取り調査を実施した．訪問先は北陸山間部では山下ミツ商店，北野商店，永吉豆腐店および上野豆腐店，四国山間部では吉田豆腐店および尾山商店，沖縄地方では糸満西崎豆腐，キトー西村および玉城豆腐店，中国地方は山口県旭村の土山商店および倉敷の山神豆腐，近畿地方では京都の並河商店，東北地方は青森の太子食品および岩手盛岡の平川食品，関東地方は神奈川の小倉豆腐および吉川豆腐の合計 17 社を訪問した．特に，四国山間部および北陸山間部では昔ながらの豆腐とその製造法が現在も残っており，これらの地域を中心に大豆の種類，凝固剤の種類，消泡剤の有無，使用水などの原材料，製造条件や製造設備およびこの地方に根づいている豆腐料理について聞き取りを実施し

5. 聞き取りによる調査

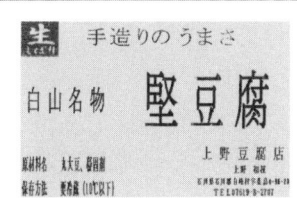

図 4.19 伝統的な豆腐の包装表示

た．

　図4.18には伝統的な豆腐を製造販売している豆腐店を，図4.19には伝統的な製法で作られている今でも有名な豆腐の包装表示を示す．さらに，図4.20には豆腐店内に掲示されていた価格表を示している．この価格表の上段に表示されている北陸山間部の豆腐の単位が変わっている．一箱（16丁分）の半分サイズを半箱と呼ぶのはわかるが，一箱の4分の1の4丁分を一角と呼び，さらに16分の1の1丁分を四半角と現在でも呼んでいる．下段に示す東北盛岡の豆腐価格表と比較すると，食文化の視点から北陸山間部の豆腐サイズに対する呼称は大変興味をそそるものとなっている．

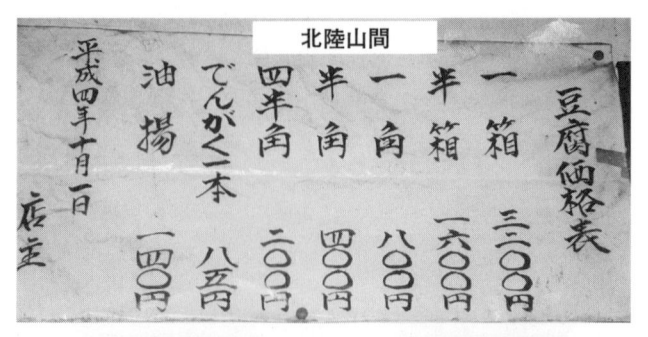

第1部　第4章　木綿豆腐の原料・製法・品質に関する地域性

図 4.20　豆腐の価格表

5.1　原材料と製法

1）原材料

　沖縄地方，四国山間部および北陸山間部の豆腐メーカーではほとんどが従来からの輸入大豆使用となっており，国産大豆や遺伝子非組換え大豆への切り換えはほとんどみられない．

　凝固剤は大半がニガリ使用である．以前沖縄では凝固剤として海水そのものを使い凝固していた．現在では海水が昔に比べると汚染されてきた沖縄本島では保健所による食品衛

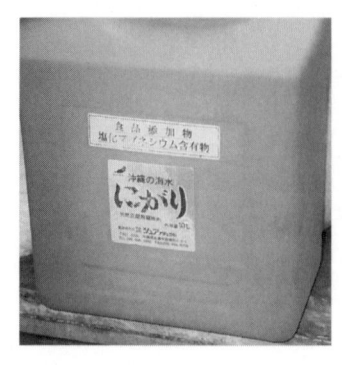

図 4.21　濃縮海水ニガリ（沖縄）

生指導が徹底し海水の使用はほとんどみられないが，今でも海水がきれいな状態にある石垣島，久米島，座間味島などの島では海水使用の豆腐が作られている．沖縄本島では海水豆腐の名残を求めて図4.21に示すような海水を濃縮した濃縮海水ニガリを使用するところも見受けられる．さらに，沖縄豆腐の特徴の1つはナトリウムを多く含み塩味を呈することである．これは凝固剤として海水が使用されてきた名残として塩味を効かすため，ニガリの他に食塩主体の添加物を加えるためである．

消泡剤を使用しないで豆腐が製造されているのは，沖縄地方のすべてと中国地方の1社および関東地方の大手メーカーでの一部の豆腐商品に限られていた．この消泡剤を使用しない理由は，沖縄地方と中国地方山間部のメーカーでは生絞り法によって製造されていることが大きい．この方法ではオカラ分離の前段階で加熱処理をとらないために発泡が少なく，作業上消泡剤を使わなくても製造できるためであることは前にも述べた．関東地方でみられた設備であるが，消泡剤を使いたくない商品の場合はメーカーによっていろいろな工夫がなされており，大手豆腐メーカーでは真空脱泡装置が取り付けられていた．

使用水について特徴的な地方は沖縄地方，四国山間部および北陸山間部があげられ，ほとんど市水は使用されず井戸水および山からの引き水が使用されている．これらは近年の天然志向や美味しさを求める消費者ニーズに対応したものではなく，昔ながらの製法を踏襲したものといえる．沖縄地方では脱水後の豆腐は通常おこなわれる水浸漬はせず，温かいまま店頭で売られていることも特徴の1つである．

2) 製　　法

製法については，呉汁の加熱の有無により生絞り法と煮取り法に大きく分けられることは前述したとおりである．生絞り法が採用されていたのは訪問した17社のうち沖縄地方の4社すべて，北陸山間部1社，中国地方1社の計6社である．生絞り法はもっぱら沖縄地方で採用されているといわれているが，沖縄地方以外でも生絞り法を採用している豆腐店が2店みられる．北陸山間部の生絞り法採用の1社も最近採用し始めたということであり，豆腐の種類によって煮取り法と生絞り法が使い分けられている．このほかに生絞

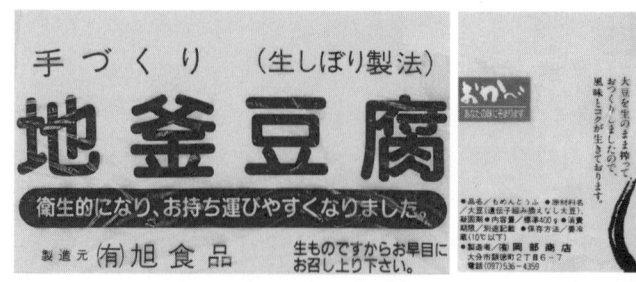

沖縄（旭食品） 　　　　　九州（岡部商店）

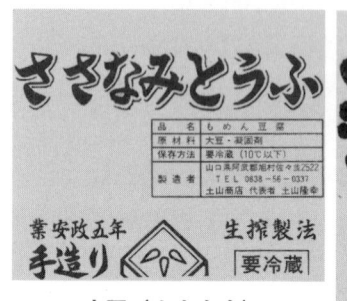

中国（土山商店） 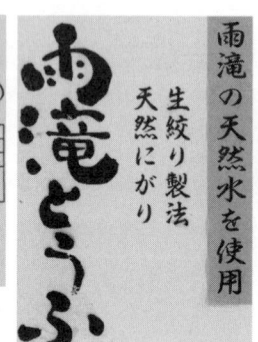　　中国（雨滝豆腐庵） 　　中国（サンマート）

図 4.22　生絞り法による豆腐

り法については，図4.22の包装表示からわかるように，大分の岡部商店，鳥取のサンマートと雨滝豆生庵および山口の土山商店の4店がみられる．これらの生絞り法はすべて九州地方と中国地方に集中しており，中国地方以西で生絞り法が継承されていることを示している．

　昔ながらの作り方を踏襲していると考えられる四国山間部，北陸山間部ではほとんどが煮取り法により製造されている．煮取り法は呉汁を加熱後オカラを絞る方法であることは前にも述べたが，現在一般的に採用されている製造法となっている．煮取り法はオカラ分離前の呉の加熱により大豆中の異味物質が溶解し，こし布を通して豆乳に移行するため，豆腐の味・風味を損なうといわれている．逆に，生絞り法では呉汁を生のままオカラを分離するので，大豆中の不快味のもととなる微量成分が加熱を受けないため不溶化した

ままオカラと一緒に系外に排出される．このような不快味微量成分が系外に排出され豆乳に混入しないため，豆の本来もっている味・風味が強調された状態で豆腐らしい豆腐が得られるといわれている．なお，加熱には蛋白質の変性や酵素の失活による不快臭軽減の効果があるが，ここで述べる異味・不快味成分除去に対する加熱の影響は，同じ加熱でもその効果が蛋白質や酵素以外にも及び，煮取り法よりも生絞り法の方が風味的に優れた豆腐が得られることを示している．

また，生絞り法では呉汁段階での加熱がないため，大豆中に存在するリポキシゲナーゼなどの酵素類が生きており，磨砕により一部変性した蛋白質に作用し，ヘキサナールなどの新たな不快味物質を作り出すことも考えられるが，加熱によるような大きな変性ではないので，この不快味物質の生成はそんなに多くはないと推察され，総体的には生絞り法の方が煮取り法よりも味・風味において優れているといえよう．

しかしながら，生絞り法は製造時のオカラ処理操作が呉汁が高濃度のため圧搾分離に労力を要し量産化がむつかしい．かつ，面倒であり，しかも豆腐の収率が低い．一方，煮取り法はその逆であり，味や風味は劣るものの豆腐の収率は高く，連続生産が可能となり経済的に製造することができる．

5.2 設備と道具

1） 豆腐製造装置

標準的な豆腐製造装置としては磨砕機，オカラ分離機，煮釜，豆腐脱水機の一連の装置があげられる．図4.23に示す磨砕機はグラインダーとも呼ばれている一般普及の装置である．図4.24に示した石臼（いしうす）は磨砕機として昔は使われていたが，今日ではほとんど見かけない．石臼使用は聞き取りをおこなった北陸山間部の上野豆腐店とラベル記載より知った兵庫の豆富庵の2社のみで採用されていた．技術的には石臼研究会という集まりの中で石臼の技術開発と普及が押し進められている．通常グラインダーを用いて大豆を挽く際，高速で磨砕すると発熱し，その熱によって大豆中に含まれる呈味および風味成分が酵素などの影響を受け，好ましくない味・風味を呈するようになる．ところが，石臼であると極力発熱が抑えられ，リポキシゲナーゼなどの酵素

第1部　第4章　木綿豆腐の原料・製法・品質に関する地域性

沖縄　東海　中国

北陸山間　北陸山間　関東

図 4.23　豆腐製造装置（磨砕機）

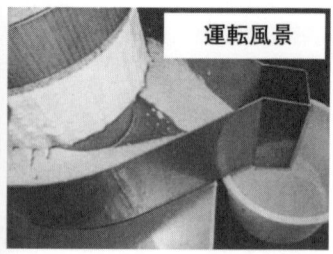

石臼全景図　運転風景

図 4.24　石臼の現場写真

5. 聞き取りによる調査

沖縄

沖縄　東海

図 4.25　豆腐製造装置（オカラ分離機）

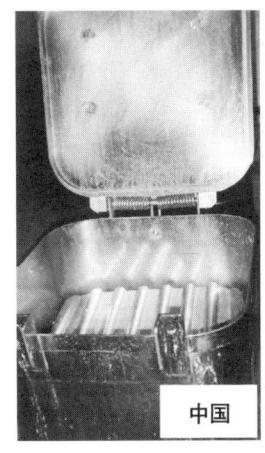

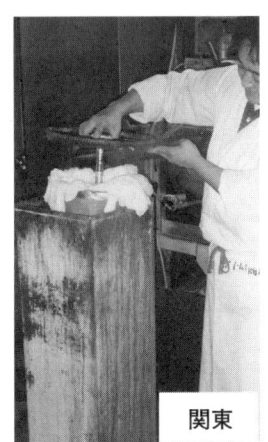

中国　北陸山間　関東

図 4.26　豆腐製造装置（オカラ脱水機）

第1部　第4章　木綿豆腐の原料・製法・品質に関する地域性

図 4.27　豆腐製造装置（釜およびタンク）

　の作用や熱そのものの味・風味成分への影響がない点が石臼使用の利点となっている．

　図4.25にオカラ分離機，図4.26にはオカラ脱水機を示す．オカラ分離機は通常は絞り方式と遠心力を利用した回転式があるが，現在ではほとんど回転式となっている．この設備は生産規模には関係なく大量生産および小型豆腐

5. 聞き取りによる調査

図 4.28 豆腐製造装置（凝固槽）

店いずれも同じ設備を採用しており，豆腐の生産規模に応じてこの設備を複数台設置している．オカラ脱水機は大量生産以外は図 4.26 に示すように人手を使い，バッチ式に処理されるのが一般的となっている．

図 4.27 には釜およびタンクを示す．全国の豆腐メーカーの大半はステンレス製の寸胴型タンクを用いている．一方，釜については沖縄地方ではほとんどが鉄製の釜が使われているが，この鉄製煮釜は沖縄地方以外では昔ながらの伝統を継承する山間部などの地域でしかみられない．沖縄地方での鉄製の釜には伝統が息づいている．それは豆乳を加熱する時，ガスによる直接加熱が普通であり（一般的にはスチームによる間接加熱），この加熱により豆乳の一部が焦げ，鉄製の釜に付着する．このお焦げの香りが豆乳に移り，沖縄独特のコクと深みを呈する香りと風味をもつようになるのである．よって，沖縄の島豆腐は鉄製の釜がなければ作れないのである．

図 4.28 に凝固槽を示す．連続的に凝固させる方式とタンクの中で静置して 1 バッチごとに凝固させる方法がとられており，連続凝固方式は大規模生産に，バッチ式凝固は小規模生産に採用されている．

図 4.29 に豆腐脱水機を示す．一般的な豆腐の脱水は一定の荷重や重石でほんの 20 分程度処理されるものであるのに対して，沖縄地方や石川白峰などでは加圧を 4～5 回切り換え，かつ 1～2 時間をかけてじっくりと脱水する方法がとられている．沖縄地方では脱水後得られた豆腐は一般的な水浸漬はお

第1部 第4章 木綿豆腐の原料・製法・品質に関する地域性

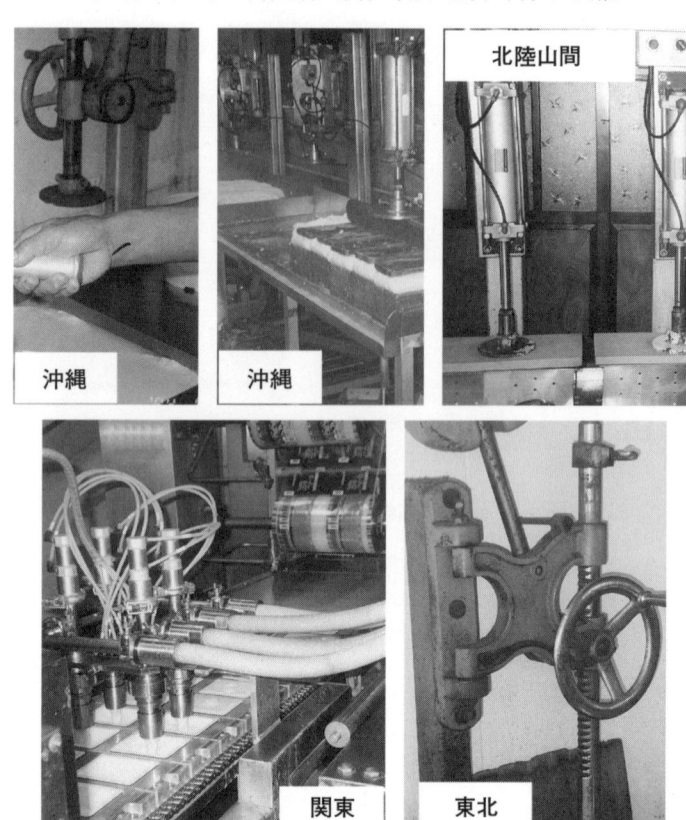

図 4.29 豆腐製造装置（豆腐脱水機）

こなわずそのまま店頭で温かいまま売られている．これは水浸漬による豆腐の風味成分の水への流出を防止することが大きな理由となっている．

2) 道　具

道具として用いられる主なものは，撹拌のためのヘラと凝固後に使われる型箱ぐらいである．撹拌用には図4.30に示すようなヘラ，棒，ヒシャクが使われている．同じヘラでも長さや形が違うものがみられたり，柄の長いヒシャクが使われたりしている．型箱は図4.31に示すように，地域によってサイズと材質が異なっている．材質は最近はステンレス製が多くなっているが，味・風味の点から今でも木製が使われているところも多くみられる．

— 80 —

日本のもめん豆腐

正誤表

頁	行（箇所）	誤	正
54	上 1・2 行目	平成7年より**禁止**されているにもかかわらず	平成7年より**任意表示**となったが.

幸書房

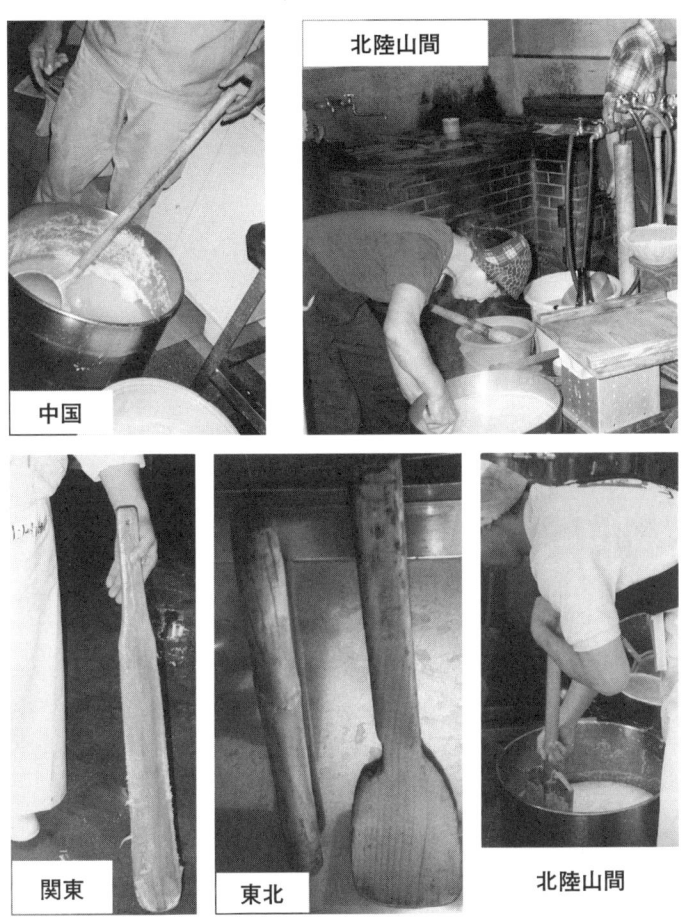

図 4.30 豆腐製造用の道具（撹拌棒）

5.3 豆 腐 料 理

　沖縄地方，北陸山間部（石川白峰）および中国地方（岡山倉敷）における伝統的な豆腐料理について図 4.32 に示す．白峰では味噌汁の他に「鍋物」「さしみ豆腐」「天ぷら」および「豆腐田楽」が定着している．田楽としては昔ながらの食べ方で食べられており，堅豆腐をそのまま焼いて味噌をつけたり，味噌をつけて焼いたり，醤油で煮てから食べられている．このような豆腐料

第1部　第4章　木綿豆腐の原料・製法・品質に関する地域性

図 4.31　豆腐製造用の道具（型箱）

理には煮る，炒める，焼くなどの調理において煮崩れしない，かたい豆腐が不可欠であるといえる．

　沖縄では豆腐の食べ方は味噌汁の他に種々の料理が知られている[21)22)]．尚[23)]は豆腐の沖縄料理について詳しく述べているが，1丁の重さが1kg近

5. 聞き取りによる調査

図 4.32 各地の豆腐料理

くもある沖縄豆腐は生揚げにして行事食に用いられ，チャンプルーとして日常的にもよく使用されている．また，ゆし豆腐が一般的に多く食べられているが，沖縄の豆腐は製法が本土のものと異なり，他の木綿豆腐に比べてはるかにかたい品質である．

　沖縄地方では前述したように生絞り法によるもので，まず豆を空挽きして大豆の皮を取り去った後，水に浸しておく．柔らかくなったら磨砕機で水を混ぜながら挽き，木綿袋で濾して粕を取り除く．大きな鍋で煮ながら適当な頃合いをみてニガリを入れて固め，その後豆腐箱で型を整える．昔はニガリとして海水を使用しており，現在でも石垣島，久米島，座間味島などでは海水を利用した手作りの豆腐を観光客にもてなす民宿も多い．豆腐を作る過程で型箱に流し込んで固める前の湯の混ざった状態のゆし豆腐を，お年寄りは

第1部　第4章　木綿豆腐の原料・製法・品質に関する地域性

表 4.17　沖縄豆腐料理における豆腐の前処理と豆腐料理

前処理法	調理法						
	そのまま	汁物	煮物	炒め物	揚げ物	焼き物	発酵
そのまま	ンスナバートーフ	ムジの汁 アーサー汁	豆腐ンブシー	シマナーチャンプルー ビラガラマチ			
水切り	ンジャナエーイ 白和え		トーフジューシー かみなり豆腐汁 マーボトーフ	ゴーヤチャンプルー	ウジラ豆腐	七味豆腐	豆腐餻 ロクジュー
揚げる	揚げ豆腐		クーニー ふくさ汁 揚げ出し豆腐				
湯通し	スクガラス豆腐 枝豆白和え 豆腐海藻サラダ						

朝食によく食べたということである．

　沖縄県民の豆腐摂取量は筆者の調査結果から算出した結果では全国平均の1.4倍近くで，最も摂取量が少ない北海道地方の1.9倍となっている．昔は自家製の豆腐や味噌がほとんど毎食食されていた．明治・大正期の典型的な沖縄の日常食は主食がイモで副食が豆腐入り実沢山の味噌汁だった．沖縄独特の家庭料理「チャンプルー」はインドネシア語で「混ぜる」という意味で，豆腐と野菜を炒めた料理のことである．沖縄豆腐はかための豆腐で，炒め物には最適である．もともとチャンプルーとは豆腐をこんがりとキツネ色に油炒めした後に野菜を加えたもので，ニガウリ（ゴーヤー）を加えるとゴーヤーチャンプルー，もやし（マーミナ）を加えるとマーミナチャンプルー，キャベツ（タマナー）を入れるとタマナーチャンプルーというように，加える野菜の名で料理名が呼ばれている．

　筆者が沖縄料理の聞き取り調査において，豆腐の前処理法の違いにより豆腐料理を分類した結果を表4.17に示す．豆腐そのままを使う料理として，ゆし豆腐，豆腐チャンプルー，豆腐ンブシー，ンスナバートーフ，水切りして使う料理として白和え，かみなり豆腐汁，マーボトーフ，ウジラ豆腐，七味豆腐，揚げたり煮たりしてから使う料理として揚げ出し豆腐，ふくさ汁，クーニー，味噌煮込み豆腐があげられる．発酵してそのまま食べるものとしては

豆腐䍃(よう)，ロクジューが有名である．

　一方，北陸山間部の石川白峰と四国山間部の徳島祖谷では同じような豆腐料理がみられ，豆腐田楽（でこまわし），焼き豆腐，さしみ豆腐，鍋物，すき焼き，おでんとしての喫食形態が定着している．この地方の食べ方は調理法からみて調理に手をかける沖縄地方の食べ方とは異なっており，豆腐を切って焼いたものをそのまま，また，煮てからそのまま食べる方法が多い．

　わが国では一般に豆腐のソフト化が進んだ結果，豆腐料理のバリエーションが少なくなってきている．しかし料理の種類の多い沖縄地方，四国山間部および北陸山間部では豆腐本来の味・風味，香りをもち，かつ，調理で崩れにくいかたさを有する豆腐が求められているといえる．

　参考までに木綿豆腐ではないが，岡山倉敷の総社の玉豆腐も有名である．この豆腐のいわれは，昔皇族が総社を訪れた際，地域色があって美味しい料理を振る舞おうとして考え出したものが玉豆腐であったといわれている．基本的には一般的な豆腐の製造法と変わりはないが，地場の大豆と美味しい水を使って作られた丸いかたちの地場特産の豆腐である．その後，総社の町おこしと相まって，総社の名産となっていった．

第5章　豆腐製造時に使われる用語・呼称

1. 調 査 方 法

　これまで述べてきたように，国内各地における市販木綿豆腐の原材料や製造法を調査してきた．この調査の中で豆腐製造の際に用いられる装置や豆腐料理について地域差がみられた．しかしながら，これらの呼称については系統的な調査を踏まえたものではなかった．そこで，豆腐製造において用いられる日常の呼び方の地域性を知る目的で日本各地の豆腐メーカーに対してアンケートを実施，回収することによってその情報を整理した[24)25)]．

　アンケート調査方法は第4章で述べた木綿豆腐の全国調査と同様に，国内を北海道地方，東北地方，関東地方，北陸地方，東海地方，近畿地方，中国地方，四国地方，九州地方および沖縄地方に分け，『全国主要豆腐製造業者一覧表』記載の約1700社の約1割にあたる159社に対してアンケート用紙を発送し，61社からの回答を得た．回収率は38.4％である．アンケートが回収された都道府県を次に示す．

　　北海道地方；北海道
　　東北地方；青森，秋田，岩手，山形
　　関東地方；茨城，栃木，群馬，埼玉，東京，神奈川
　　北陸地方；新潟，富山，石川，長野
　　東海地方；静岡，愛知，岐阜，山梨
　　近畿地方；京都，大阪，兵庫，奈良，三重
　　中国地方；広島，山口，島根
　　四国地方；香川，徳島，高知
　　九州地方；長崎，大分，熊本，鹿児島
　　沖縄地方；沖縄

第1部 第5章 豆腐製造時に使われる用語・呼称

なお、第4章で述べた聞き取り調査の際に用語や呼称についても、アンケート用紙に基づいて聞き取りをおこなった。調査に用いたアンケート用紙を表5.1に示す。大項目として原材料、中間産物・豆腐、道具・装置および作業操作に分類し、それぞれの大項目に各小項目を設けた。アンケート回答では1つの項目で複数回答も数件あったが、回答のあった呼称はすべて1個の用語として別々にカウントした。自由記入欄には質問以外の用語がある場合についても記入を依頼した。

表5.1 豆腐製造時に使われる用語調査のアンケート用紙

分類	質問項目	日常お使いになっている言葉をご記入下さい
原材料	大豆 水浸漬した後の大豆 凝固剤 消泡剤 水	
中間産物 豆腐	呉（ご） 凝固時の上澄み オカラ 豆乳 豆腐	
道具・装置	豆のすりつぶし機 呉や豆乳用の加熱タンク オカラ分離機 こし布 撹拌棒 凝固箱 豆腐の脱水機 豆腐の切断機	
作業操作	大豆を水につけてふやかすこと 大豆をすりつぶすこと オカラを分離すること 呉や豆乳を加熱すること 豆乳を凝固させること 凝固物を熟成すること 型箱に入れて豆腐を固めること	
上記以外の自由記入欄		

2. 豆腐製造時の用語・呼称の実態

2.1 原　材　料

豆腐製造時に用いられる原材料について，大豆，水浸漬大豆，凝固剤，消泡剤および水の小項目を設けてアンケートを実施した結果を表5.2に，さらに表5.3に用語・呼称と地域性の関係をまとめている．

1）大　　　豆

豆腐製造時の主原料である大豆は「だいず（大豆）」または「まめ（豆）」と呼ばれている．全国的には「だいず」がより一般的であるが，北海道地方および九州地方以外の広範囲で「まめ」とも呼ばれている．一方，沖縄地方では「とーふまーみ」と呼び，豆腐用の豆を意味する表現となっている．このように沖縄地方の表現はそれぞれ呼称の頭に「とーふ」をつけて呼ぶ場合が多く，例えば大豆のほかに後述する凝固時の上澄み，オカラ，豆乳などにもこの表現法はみられる．

2）水浸漬大豆

水浸漬された浸漬大豆は全国的に「つけまめ（漬け豆）」と呼ばれるが，中国地方，四国地方および九州地方の西日本では「かしまめ」とも呼ばれ，北陸地方および東海地方の国内中央部では「さわしまめ」「ひやかしまめ」「ふやかしまめ」と表現される場合も多い．沖縄地方では「つけまめ」と呼び，全国的な呼び方と同じである．

3）凝　固　剤

凝固剤についての表現は全国的に「にがり」「すましこ」「ぎょうこざい」とそれぞれの呼び方がなされ，特に地域性はみられない．

4）消　泡　剤

消泡剤は全国的に「あわけし」または「しょうほうざい」と呼ばれ地域性はみられない．

5）水

水は普通に「みず」と呼ばれ地域性はみられない．北陸地方では一部で「ひきみず（挽き水）」または「すりみず（摺り水）」とも呼ばれ，豆挽き，豆すり用の水という意味で使われている．沖縄地方では「みじ」と表現され，沖縄

第1部 第5章 豆腐製造時に使われる用語・呼称

表5.2 豆腐製造時の原材料に関する用語アンケート結果

地方名	アンケート回収数	原材料（カッコ内の数字は出現回数）				
		大豆	水浸漬大豆	凝固剤	消泡剤	水
北海道地方	3	だいず(3)	つけまめ(2)	にがり(3)	あわけし しょうほうざい	みず(3)
東北地方	4	まめ(3) だいず	つけまめ(2) まめ	にがり(2) にがりこ 水にがり グルコン	あわけし(3) エマルジー	みず(4)
関東地方	14	まめ(6) だいず(4) きまめ	つけまめ つけだいず	にがり(4) すましこ(3) エンマグ ぎょうこざい	あわけし(4) しょうほうざい(3) ハイトップ	みず(14)
北陸地方	7	まめ(4) だいず(2)	つけまめ(2) さわしまめ ひやかしまめ しんせきだいず	にがり(7) すましこ(2) エンマグ	あわけし(6) シリコン	みず(6) ひきみず すりみず
東海地方	6	まめ(2) だいず(2) じまめ	つけまめ(2) ふやかしまめ	にがり(4) すましこ(2)	あわけし(5)	みず(6)
近畿地方	7	まめ(4) きだいず(3) かたまめ	つけまめ(5) しんせきだいず(2) つかりまめ	にがり(5) すましこ(3) ぎょうこざい(2)	あわけし(5) しょうほうざい(2)	みず(7)
中国地方	5	だいず(3) まめ	かしまめ(3) つけまめ	にがり(2) すましこ(2) ぎょうこざい	あわけし(2) しょうほうざい	みず(3)
四国地方	6	だいず(4) まめ(3)	きだいず かしたまめ つけたまめ	にがり(3) にがじる ぎょうこざい	あわけし(5)	みず(5)
九州地方	6	だいず(5)	つけまめ(2) かしまめ しんせきだいず	にがり(4) すましこ(2) ぎょうこざい	あわけし(5) しょうほうざい	みず(5)
沖縄地方	3	とーふまーみ とーふまめ	つけまめ	にがり		みじ

独特の表現で水の方言が用いられている．

2.2 中間品および製品

呉，豆腐凝固時の上澄み，オカラ，豆乳および豆腐についての調査結果を

2. 豆腐製造時の用語・呼称の実態

表5.3 豆腐製造時に使われる原材料に関する用語・呼称の地域性

項　　目		北海道	東北	関東	北陸	東海	近畿	中国	四国	九州	沖縄
原材料	大　豆	だいず									とーふまーみ
				まめ							
	凝固剤	にがり／すましこ／ぎょうこざい									にがり
	消泡剤	あわけし／しょうほうざい									あわけし
	水	みず									みじ

表 5.4 に示し，さらに表 5.5 に地域別の呼称をまとめている．

1）呉

呉は全国的にそのまま「ご」という表現がとられている．東北地方から中国地方にかけて「ご」のことを「なまご（生呉）」あるいは「にご（煮呉）」のように呉の加熱前後の状態を使い分けて呼ぶ場合もみられる．また，北陸地方，東海地方および近畿地方では「ひきご（挽き呉）」または「ひきまめ（挽き豆）」のように挽くに由来する表現もとられている．

豆腐製造方法には2つの製法，すなわち一般的製法である煮取り法と沖縄地方で採用されている生絞り法とが知られているが，生絞り法中心の沖縄地方では呉とは加熱前の生状態の呉，すなわち生呉のことを指し，この生呉のことを通常「ごじる（呉汁）」と呼んでいる．「ごじる」という表現は沖縄地方以外にも関東地方および北陸地方においてもみられる．

2）オカラ

オカラは「おから」または「から」と呼ばれている．この呼び方の他では東北地方から九州地方の広い範囲にかけて「きらず」または「うのはな」と呼ぶ地域もみられる．沖縄地方では一般的に「とーふかしー」と呼び，頭に「とーふ」をつけ豆腐粕（滓）の意味で表現されている．また，東北地方でも「とーふかす」と呼ぶところがみられる．

3）豆腐凝固時の上澄み

豆乳の凝固時に生じる上澄みを近畿地方以北では「うわずみ」または「うわみず（上水）」と呼び，中国地方以西では「きみず」「しみず」「すみず」「うきみず」と表現され，近畿地方を境にかなりはっきりとした地域性が認められる．「うわずみ」あるいは「うわみず」というのは上澄みをそのまま表現し

第1部　第5章　豆腐製造時に使われる用語・呼称

表 5.4　豆腐製造時の中間産物および豆腐に関する用語アンケート結果

地方名	アンケート回収数	原材料（カッコ内の数字は出現回数）				
		呉	凝固時の上澄み	オカラ	豆乳	豆腐
北海道地方	3	ご(2)	うわずみ	おから(2)	とうにゅう(2)	とうふ(2)
東北地方	4	ご(4) なまご にご	うわみず ゆ	きらず(3) おから とーふかす	とうにゅう(4)	とうふ(2) とーふ もめん
関東地方	14	ご(7) なまご にご ごじる	ゆ(2) すみみず すみくち	おから(5) うのはな(2) から かす	とうにゅう(6) ちち	おとうふ(7) とうふ
北陸地方	7	ご(5) ごじる(2) ひきご	ゆ(2)　すみゆ うわずみえき あく	おから(6) きらず うのはな	とうにゅう(6) ちち	とうふ(6) とっぺ
東海地方	6	ご(3) なまご ひきご	うわずみ(3) ゆ	おから(4) きらず	とうにゅう(4)	とうふ(4) しろ もめん
近畿地方	7	ご(6) なまご ひきまめ	うわずみ(3) ゆ しる ホエー	おから(7) うのはな(2)	とうにゅう(6) そっぷ(2)	とうふ(5) とーふ しろ もめん
中国地方	5	ご(3) にご なまご	きみず うきみず したゆ りすい	おから(3) から	とうにゅう(5)	とうふ(5)
四国地方	6	ご(6)	しみず(2) すみず	おから(3) きらず	とうにゅう(5)	とうふ(5) いわとうふ
九州地方	6	ご(5)	すみず(2) しみず(2) うわずみ	おから(5) きらず うのはな	とうにゅう(5)	とうふ(5) おかべ
沖縄地方	3	ごじる	とーふゆ	とーふかしー	とーふぬゆー とーふにゅう	とーふ(3)

たものである．一方，「きみず」「しみず」「すみず」は地域色の強い呼称といえる．特に，「きみず」は「黄水」に由来すると考えられ，上澄みの黄色の状態を表現，「すみず」は澄んだ水という意味と考えられる．

さらに，上記以外の呼称として東北地方，関東地方，北陸地方，東海地方および近畿地方の広い範囲で「ゆ（湯）」という表現も使われ，「ゆ」に関連し

2. 豆腐製造時の用語・呼称の実態

表 5.5 豆腐製造時に使われる中間品・製品に関する用語・呼称の地域性

	項 目	北海道	東北	関東	北陸	東海	近畿	中国	四国	九州	沖縄
中間品	水浸漬大豆	つけまめ									つけまめ
				さわしまめ／ひやかしまめ ふやかしまめ／つかりまめ			かしまめ				
	ご(呉)	ご									ごじる
			なまご／にご			なまご／にご					
					ごじる						
						ひきご／ひきまめ					
	オカラ		おから／から								とーふかしー
				うのはな	きらず	うのはな		きらず			
	凝固上澄		うわずみ／うわみず				きみず／しみず／すみず				とーふゆ
					ゆ／すみゆ／したゆ						
	豆 乳		とうにゅう								とーふぬゆー
					ちち		そっぷ				
製品	豆 腐		とうふ／とーふ								とーふ
					とっぺ					おかべ	

た表現としては「すみゆ（澄み湯）」または「したゆ（下湯）」などがある．また，北陸地方で「あく」と呼ぶところもある．

「ゆ」は「湯」に由来し，水を熱くしたものという一般的な意味をもち，「すみゆ」は水のように澄んだ熱い液という状態を指していると推察される．沖縄地方でも「ゆ」と関連して「とーふゆ（豆腐湯）」と呼ばれ，ここでも「ゆ」の頭に「とーふ」をつける呼び方となっている．上澄みを学術的にはホエーと呼ぶが，実際の豆腐製造現場ではホエーという表現はほとんど用いられていない．

4）豆 乳

豆乳は「とうにゅう」と表現されるのがほとんどで地域差はあまりみられない．このほかに関東地方および北陸地方では「ちち」，近畿地方では「そっぷ」と表現されているのが特徴的ある．沖縄地方では豆乳のことを「とーふぬゆー」と呼び，豆腐乳由来の用語が使われている．

5）豆　　腐

豆腐は「とうふ」または「とーふ」と呼ばれ地域差はみられない．北陸地方の一部では「とっぺ」，九州地方では「おかべ」と呼ぶ場合もみられる．

2.3　道具および装置

豆腐製造時に用いられるこし布，撹拌棒，凝固箱の道具類，豆すり機，釜およびタンク，オカラ分離機，豆腐脱水機，豆腐切断機の装置類についての調査結果を表5.6に，さらにこれらの用語と地域性との関係を表5.7にまとめた．

1）こ　し　布

こし布のことを東北地方以北では袋に由来する「ふくろ（袋）」「しぼりぶくろ（絞り袋）」「おとしぶくろ（落とし袋）」が用いられ，四国地方および九州地方では布に由来する「ぬの（布）」「おとしぬの（落とし布）」「こしぬの（濾し布）」「おけぬの（桶布）」「しきぬの（敷き布）」と呼ばれている．両地域の中間の地域では袋および布に関連する「しぼりぶくろ（絞り袋）」「おとしぬの（落とし布）」などの呼び方がされている．さらに，東北地方，近畿地方および東海地方では敷くに関連する「かたしき（型敷き）」「はこじき（箱敷き）」「おけじき（桶敷き）」という呼称も一部で使われている．

2）撹　拌　棒

撹拌棒の呼称に地域性はみられず，「へら」または「かい（櫂）」が一般的呼称となっている．

3）凝　固　箱

凝固箱は全国的に「かたばこ（型箱）」と呼ばれる場合が多い．関東地方では「わりばこ（割り箱）」または「ふね（舟）」，北陸地方では「よせばこ（寄せ箱）」と呼ぶところもある．沖縄地方では「とーふばこ（豆腐箱）」と箱の頭に「とーふ」をつけて呼ばれている．

4）豆すり機

豆すり機は全国的に，摺るに由来する「まめすりき（豆摺り機）」または単に「すりき（摺り機）」あるいは「グラインダー」と呼ばれている．さらに，挽くや漉くに由来する「まめひきき（豆挽き機）」「まめすきき（豆漉き機）」が北

2. 豆腐製造時の用語・呼称の実態

表 5.6 豆腐製造時の道具・装置および装置に関する用語アンケート結果（カッコ内の数字は出現回数）

地方名	アンケート回収数	こし布	撹拌棒	凝固箱	道具および装置 豆すり機	釜・タンク	豆腐脱水機 オカラ分離機	豆腐脱水機	豆腐切断機
北海道地方	3	ぬのぶくろ しぼり布	かい、くら よせくら	かたばこ(2)	すりき グラインダー	にがま とうにゅうたんく	プルマーク	キャリアプレス	ぜつたんき カッター(2) きりぼうちちょう ほうちちょう
東北地方	4	おとしぶくろ おとしぶくろ しぼりぶくろ かたぬの	くら(2) よせくら かくはんぼう ワンツー	かたばこ(4)	まめすり まめひきき すりうし	かま(3) にがま	トーファー(2) しぼりき	プレス(2) みずきり	ほうちちょう きりぼうちちょう
関東地方	14	こしぬの(2) おとしぶくろ しぼりぶくろ かたぬの	くら(3) かい(3) しゃくし しゃもじ ワンツー	かたばこ(4) わりばね ふね	うす(6) グラインダー(3)	かま(3) にがま(3) とうにゅうたんく	しぼりき(5) トーファー ゆあつ	みずきり(2) ジャッキ プレス(2) おし	ほうちちょう(3) くしば とーふぬきき
北陸地方	7	ふくろ(3) ぬの(3) ろぶ	かい(3) くら(2)	かたばこ(3) よせばこ せいけいばこ	グラインダー(4) まめひきき うす	かま(2) にがま サービスタンク	しぼりき(5) ぶんりき	プレス(5)	ロボット カッター(3)
東海地方	6	こしぬの おとしぶくろ(2) しぼりぶくろ ぬのの	くら(2) かい	かたばこ(3)	まめすり グラインダー ミキサー	かま(2) にがま とうにゅうたんく	トーファー(2) アトム	プレス(5)	ほうちちょう
近畿地方	7	しぼりぶくろ(2) おとしぶくろ おしふくろ かたぬの	かい(4) かくはんぼう	かたばこ(5)	まめすりき グラインダー うすひきき(き) うす	にがま(5) かま(2) ぶらんとがま	しぼりき(5) ゆあつ(2) トーファー	プレス(5) おもし さいきり せいけいき	ほうちちょう(2) かたきり カットカッター せつだんき
中国地方	5	ぬの(2) おとしぶくろ	くら(2) ぼう しゃくじ	かたばこ(2) はこ	うす(2) まめすりき	かま(3) にがま(2) とうにゅうたんく	しぼりき(3)	プレス プレッサー	カッター
四国地方	6	ぬの(3) きれ	くら(2)	かたばこ(3) はこ	まめすりき グラインダー うす いしうす	かま(2) にがま とうにゅうたんく	しぼりき(2) ぶんりき アトム	プレス(4) せいけいき	ロボット カッター(2)
九州地方	6	こしぬの(4) しぼりぬの	くら(3) かくはんぼう(3) かい	かたばこ(5)	まめすりき(3) グラインダー(2) うす	かま(4) かま(2) とうにゅうたんく むらせタンク サービスタンク	しぼりき(4) トーファー アトム	プレス(4) みずきり	ほうちちょう(2) カッターサー
沖縄地方	3	こしぬの		とーふぼこ	いしうすプレンダー	にがま(2)	しぼりき	おもし	

第1部　第5章　豆腐製造時に使われる用語・呼称

表5.7　豆腐製造時に使われる道具・装置に関する用語・呼称の地域性

項目		北海道	東北	関東	北陸	東海	近畿	中国	四国	九州	沖縄
	こし布	ふくろ(しぼりぶくろ/おとしぶくろ)	ふくろ(しぼりぶくろ/おとしぶくろ)	ふくろ(しぼりぶくろ/おとしぶくろ)/ぬの(こしぬの/おとしぬの/おけしぬの)				ぬの(こしぬの/しきぬの)			
	撹拌棒				かいべら/かくはんぼう						
	凝固箱			わりばこ	よせばこ	かたばこ/はこ					とーふばこ
				ふね							
道具・装置	豆すり機	うし		うす	まめすり/すりき/グラインダー		まめひき/すりき	うす	うす/いしうす		いしうっしー
	釜			にがま/かま							じがま
	オカラ分離機			しぼりき/トーファー							
	豆腐脱水機			プレス/みずきり							おもし
	豆腐切断機			カッター/ほうちょう							

— 96 —

陸地方および近畿地方で，臼に由来する「うす（臼）」，「いしうす（石臼）」が北陸地方，近畿地方および四国地方の一部で用いられている．沖縄地方では「いしうっしー」と呼び，石臼に由来する方言が使われている．

5） 釜・タンク

呉や豆乳の加熱用容器は全国的に「にがま（煮釜）」あるいは単に「かま（釜）」と呼ばれ，これら二者ほどではないが「とうにゅうたんく（豆乳タンク）」という呼び方もみられる．沖縄地方では昔ながらの「じがま（地釜）」と一般的に呼ばれ，鉄製の地釜による豆腐は沖縄独特のコクのある焦げ臭をもつ風味と香りをつくりあげている．この「じがま」の表現は中国地方の一部でもみられる．

6） オカラ分離機

オカラ分離機は「しぼりき（絞り機）」あるいは「トーファー」と呼ばれ，その中でも「しぼりき」が最も多く用いられている．トーファー，フルマークおよびアトムという呼び方は商品名がそのまま呼称となっているケースである．

7） 豆腐脱水機

豆腐脱水機は「プレス」が各地共通して使われ，沖縄地方では「おもし（重石）」と呼ばれている．その他の呼び方として東北地方，関東地方および九州地方では「みずきりき（水切り機）」，近畿地方および四国地方では「せいけいき（成形機）」とも呼ばれている．

8） 豆腐切断機

豆腐切断機は「カッター」または「ほうちょう」と呼ばれている．聞き取り調査から最近の豆腐製造では連続化が進み，豆腐の切断は連続的におこなわれている．連続生産の場合の豆腐切断機は一般的に「カッター」と呼ばれ，昔ながらの手作業により豆腐を切断する場合は「ほうちょう」と呼ばれている．その他に関東地方では「くしば（櫛刃）」，近畿地方では「かたきり（型切り）」と呼ぶ地域もみられる．

2.4 作業操作

豆腐製造時の作業操作に関する用語を調査した結果を表5.8に，さらにこ

れらの作業操作の呼び方と地域性との関係を表5.9にまとめた．

1） 豆を水でふやかす

　大豆を水でふやかす作業は全国的に「つける（漬ける）」と呼ばれている．一方，中国地方，四国地方および九州地方の西日本では特徴的な呼称として「かす」という表現が多くみられる．よって，水でふやかす操作に対しては「つける」と「かす」の2つに大きく分けられ，かつ地域性も顕著である．この「かす」の表現と関連して，東北地方，関東地方，北陸地方および東海地方では「ひやかす」「ふやかす」「うるかす」が用いられている．「しんせき（浸漬）」「みずしんせき（水浸漬）」も近畿地方以西を中心として使われている．また，北陸地方では「さわす」と独特の表現もとられている．

　「つける」はそのまま水に漬けるに由来する語彙である．「かす」について『広辞苑』であてはまる語彙を調べると，滓（液体の沈殿物），糟・粕（液汁を濾した残渣），かす（ひからびる・表面が乾く・かぶれる）などがみられるが，水に漬けるという意味をもたない．一方，「淅す」および「浸す」は耳慣れない言葉であるが，これは，① 米を水で洗う・とぐ，② 水につける・ひたすという意味をもっており，まさに大豆を水にひたすという意味として捉えることができよう．このことから，「かす」は淅すもしくは浸すを語源とした言い方で，豆腐製造時の大豆を水に漬けてふやかす操作の意味に最も近いと考えられる．したがって，「ひやかす」「うるかす」「ふやかす」の「かす」もこの淅す・浸すからきたと推察される．また，西日本では浸漬大豆のことを「かしまめ」と呼び，これも淅す・浸すを語源としていると考えてよいであろう．なお，「うるかす」「ふやかす」については「うるける」「ふやける」から派生したことも考えられるが，上述のように「うる○○」「ふや○○」は「かす」の接頭語と考えた方が歴史的観点からは捉えやすい．

2） 豆をすりつぶす

　豆をすりつぶす作業は「する（摺る）」または「まめすり（豆摺り）」と呼ばれ，摺るという語からきている．「する」と同様に多い表現として関東地方，北陸地方，東海地方，近畿地方，中国地方および四国地方の広い範囲で「ひく（挽く）」が使われている．その他では東海地方および九州地方で「つぶす（潰す）」，「すりつぶす（摺り潰す）」近畿地方で「ふんさい（粉砕）」という表

2. 豆腐製造時の用語・呼称の実態

表 5.8 豆腐製造時の作業操作に関する用語アンケート結果

豆腐製造時の作業操作（カッコ内の数字は出現回数）

地方名	アンケート回収数	豆を水でふやかす	豆をすりつぶす	オカラを分離する	加熱する操作	凝固させる	熟成する	型箱で成形する
北海道地方	3	つける しこむ	まめすり	しぼる	にる しゃふつ	よせる		しぼる いれる くむ
東北地方	4	つける うるかす まめつけ	する(2) まめすり しろ	しぼる(2) きらずしぼり(2)	にる(4)	よせる(3) にがりをいれる	ねせる ならす おく	
関東地方	14	ひやかす とじ	ひく(5) うすをかける(2) する	しぼる(5)	にる(2) にこむ たく	にがりをうつ(2) しおうつ よせる かためる	ねかせる ねせる おく うます さます	かたばこにのせる ふねにもる かたもり おし
北陸地方	7	しんせき(2) つける ひやかす さます みずつけ	ひく(4) する つぶす ふんさい	しぼる(5)	にる(5)	にがりをうつ(3) よせる(2) あわす(2)	むらす(2) じゅくせい(2) ねかす ならす	おしをする/おす(3) はこもり せいけい プレス
東海地方	6	つける ふやかす	ひく つぶす まめすり	しぼる こす	にる たく	かためる	おく(2)	かたづめ(2)
近畿地方	7	つける(3) しんせき(2) みずつけ まめしんせき	する(3) ふんさい(2) ひく(2)	しぼる(5) おからぶんり ぶんりか	たく(4) しゃふつ(2)	あわす(4) ぎょうこ(2) よせる にがりをいれる	むらす(2) うます ねかす ゆとり じゅくせい	はこいれ(3) はこもり せいけい プレス おさえる
中国地方	5	かす(3)	ひく する つぶす	しぼる(2)	にる(2) たく	よせる(3) にがりをいれる	おく(3)	おしをする しめる かためる
四国地方	6	かす(2) つける みずつけ	ひく	しぼる(3)	たく(2)	よせる(2) あわせる	ねかす	
九州地方	6	まめかし・かす(2) つける しんせき	まめすり(2) すりつぶす	しぼる(3)	かねつ しゃふつ			
沖縄地方	3	つける			たく			

第1部　第5章　豆腐製造時に使われる用語・呼称

表5.9　豆腐製造時に使われる作業操作に関する用語・呼称の地域性

項目		北海道	東北	関東	北陸	東海	近畿	中国	四国	九州	沖縄
作業操作	水でふやかす	つける	つける	ひやかす/ふやかす/にがりをうつ/うるかす	ひやかす/ふやかす/うるかす	つける				つける	つける
	豆をすりつぶす			しんせき	しんせき/まめずり	ひく	しんせき		かす	しんせき/みずしんせき/まめずり	
	オカラを分離する				する/まめずり	しぼる					
	加熱する		にる	にる				にる			たく
			たく	たく			たく				
	凝固させる		にがりをうつ/しおをうつ		あわす/あわせる		にがりをいれる	よせる			
							あわす/あわせる				
	熟成する		おく	ねかす/ねせる	ねかす/ねせる	おく	ねかす/ねせい	おく	あわす/あわせる	あわす/あわせる	
				むらす/じゅくせい	むらす/ならす		むらす/じゅくせい		ねかす/ねせる	ねかす/ねせる	
			ならす	ならす							
	型箱で成形する			うます		うます	うます/ゆとり	おしをする	おしをする	おしをする	
				おしをする	はこもり		はこもり	おす	おす	おす	
				はこもり	ふねもり		ふねもり				
				ふねもり	かたもり		かたもり				
				かたもり	せいけい		せいけい				
				せいけい	プレス		プレス				

現も使われている．

3) オカラを分離する

オカラの分離操作は「しぼる（絞る）」と表現される場合が多い．東海地方では「こす（濾す）」，近畿地方では一部で「ぶんり（分離）」あるいは「ろか（濾過）」と呼ぶところもある．

4) 加熱する

呉や豆乳を加熱する作業は東海地方以北の「にる（煮る）」に対して，関東地方以西では「たく（炊く）」と呼ばれ二分されている．さらに北海道地方，近畿地方および九州地方では「しゃふつ（煮沸）」という表現もとられている．

5) 凝固させる

豆乳の凝固作業は全国的に「よせる（寄せる）」と呼ばれている．一部，東北地方，関東地方，北陸地方および近畿地方では「にがりをうつ（打つ）」「にがりをいれる（入れる）」または「しおをうつ（塩を打つ）」，北陸地方，近畿地方および四国地方では「あわす（合わす）」という表現もとられている．特に，近畿地方では「あわす」が主体となっている．この「あわす」は調合するという意味の合わせる，合わすが語源と考えられよう．

6) 熟成する

凝固物の熟成はほぼ全国的に「ねかす（寝かす）」あるいは「ねせる（寝せる）」と呼ばれている．この呼称以外では，東北地方，関東地方，東海地方および中国地方では「おく（置く）」，北陸地方および近畿地方では「むらす（蒸らす）」あるいは「じゅくせいする（熟成する）」，東北地方と北陸地方では「ならす」，関東地方および近畿地方では「うます」，近畿地方では「ゆとり（湯取り）」のように地域ごとにそれぞれ特徴をもって呼ばれている．語源として，「ならす」は均す，「うます」は熟ませるに由来すると推察される．

7) 型箱で成形する

凝固物を型箱に入れ成形して豆腐がつくられる．この型箱を用い成形する作業の呼び方は2つに分けられる．1つは関東地方，北陸地方，近畿地方および中国地方でみられる「おす（押す）」「おしをする（押しをする）」のように押すを語源とするものと，もう1つは関東地方，北陸地方および近畿地方でみられる「はこもり（箱盛り）」「ふねにもる（舟に盛る）」「かたもり（型盛り）」

のように盛るを語源とした表現である．その他では，北陸地方および近畿地方の「せいけい（成形）」，東北地方の「しぼる（絞る）」，中国地方の「しめる（絞める）」あるいは「かためる（固める）」など成形作業は地域によってそれぞれ特徴のある表現が使われている．

2.5 そ の 他

アンケートの自由記入欄から得られた用語および呼称は豆腐の品質と深く関連してくる操作が多い．中国地方および四国地方では100℃到達で沸騰する状態にあることを「たつ」と呼び，この「たつ」は煮立つの語に由来すると考えられる．北海道地方および北陸地方では凝固剤が不足して凝固が不十分である場合「よりがあまい（寄りがあまい）」，逆にニガリの入れ過ぎの場合を「よりすぎ（寄り過ぎ）」と表現している．ニガリを打った後静かに撹拌することを関東地方で「十文字をいれる」という独特の表現がみられる．成形した後の豆腐の表面がザラザラとなった場合は，中国地方では「じゃぎ（あばた）ができた」と表現されている．豆腐を大きく切断することを，関東地方では「おおだち」（大断ち）と呼ぶ．また，豆腐を冷却することを北陸地方では「さらす」（晒す），近畿地方では「みずさらし」（水晒し）あるいは「あくとり」（灰汁とり）と表現されている．

第6章　包装表示にみる商品訴求の文字表現

1. 調査方法

　市販木綿豆腐の各地における品質および製造に用いられる原材料や製造法などについて調査してきた．その調査の中で包装表示に記載された商品訴求における表現法は，最近の食品の安全性や新鮮さを求める消費者ニーズを反映しており，購入意欲をかきたてる大きな手段となっていると考えられる．

　一方，地域別の市販豆腐サイズの実態調査から，1丁あたりの豆腐重量の減少に伴い豆腐厚さを薄くすることも表示スペースを確保する対策の1つであると考えられた．すなわち，他社との商品の差別化のため包装上表面積は広い方がよく，そこに表現される訴求内容は豆腐にとって重要である．そこで，市販豆腐の包装上に表現された文字の実態について調査をおこなった[26]．

　第4章で述べた木綿豆腐調査の場合と同様，国内を北海道地方，東北地方，関東地方，北陸地方，東海地方，近畿地方，中国地方，四国地方，九州地方および沖縄地方の10区域に分け，ほぼ都道府県全域にわたって調査した．試料数は全国総計で310個，最も多い地域は関東地方の41個，最も少なかったのは沖縄地方の20個である．

　調査方法は，商品の包装上に表現された訴求文言の文字数をカウントした．その方法は図6.1に一般的な表示の例を示すが，商品名，製造メーカー名，原材料名，重量および賞味期限などの共通的な記載事項は文字数にカウントせず，また，「遺伝子組換え大豆を使用していません」「生ものですのでお早めにお召し上がり下さい」などの記載も共通的に出現するためカウントから排除した．この図の見本の場合では「国産大豆使用」「ほっとする白くあったかい食べる宝石」を字数カウントの対象としている．

— 103 —

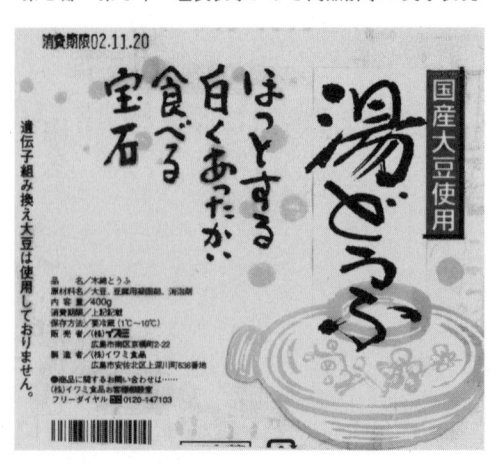

図 6.1　市販木綿豆腐の包装表示の例

2. 訴求表現の実態

2.1 原材料
1）大豆

全試料310個における豆腐1個あたりの各項目の平均文字数を表6.1に示す．大豆に関する平均文字数は5.4字で，最も多かったのは四国地方の8.4字，最も少なかったのは沖縄地方の0.1字であった．沖縄地方は極端に文字数が少なく，出現個数も試料20個中で1個しかみられない．四国地方および沖縄地方を除くと平均文字数は4.1～6.7字と全国的に平均して表示されているといえる．

具体的表現について原材料に関するものを表6.2に示す．大豆については「無農薬有機栽培大豆」「国産大豆」および「（国産）大豆に地名を冠した表現」で大部分を占めている．さらに，国産大豆の中でも図6.2に示すように，一般的に使用される黄大豆ではなく青大豆や黒大豆を原料とする豆腐も出回りだしている．

2）凝固剤

凝固剤に関する平均文字数は3.2字で大豆についで高い．最も多かったのは前述した大豆の場合と同様四国地方の4.8字であり，逆に少なかったのは

2. 訴求表現の実態

表 6.1　包装上の商品訴求における文字数の地域比較

地方名	試料数（個）	試料1個あたりの文字数													文字数合計
		原材料				製法	形態	品質		料理	栄養機能	日持ち	新鮮さ	安全安心	他	
		大豆	凝固剤	消泡剤	水			味・風味	食感							
北海道地方	34	5.2	1.9	0.9	0	2.1	0.8	3.7	0	0.5	1.9	1.7	0	0	0.8	19.2
東北地方	35	5.1	1.1	0.9	0.3	1.2	1.2	3.3	1.3	0.9	2.1	0	1.3	0	1.0	19.5
関東地方	41	4.1	4.3	0.3	2.2	1.0	0.2	4.1	0	0.2	0.8	0.3	0	0	2.6	19.9
北陸地方	19	5.6	3.5	0.7	1.4	0.2	0	1.4	1.7	0.6	0	0.4	0	0	6.1	20.9
東海地方	26	5.6	4.1	1.7	1.8	2.9	0	2.6	0.5	0	0	0.3	0	0	0.8	20.4
近畿地方	31	6.1	3.1	0.4	1.1	6.3	1.5	3.7	0.5	0	0.8	0.7	0	0.2	0.7	24.8
中国地方	35	6.7	4.2	0.2	2.7	2.2	0	2.5	0.7	0.1	0.6	0.4	0	0	4.9	25.5
四国地方	31	8.4	4.8	0	2.8	2.2	0.1	4.0	0.3	0.2	0.9	1.1	0	0.3	2.3	26.1
九州地方	38	5.5	3.4	0.3	1.4	1.6	0.7	1.1	0	0	0.7	0.9	0	0	2.0	18.7
沖縄地方	20	0.1	0.2	0	0.8	6.7	0	2.2	1.4	0	0.6	0	1.3	4.1	2.0	23.7
項目平均	310	5.4	3.2	0.5	1.5	2.5	0.4	3.0	0.5	0.3	0.9	0.7	0.2	0	2.2	21.7

表 6.2　商品訴求における具体的表現（その1）原材料

大豆	凝固剤	消泡剤
無農薬有機栽培大豆（43）	ニガリ（45）	消泡剤無添加／不使用（7）
国産大豆（41）	地名＋ニガリ（21）	消泡剤は使っていません（5）
地名＋国産大豆（38）	本ニガリ（13）	消泡剤・保存料は使っていません（2）
厳選された大豆（14）	ニガリ仕込み（10）	
良質の大豆（7）	天然ニガリ（7）	**水**
契約栽培大豆（6）	塩田ニガリ（3）	地名＋水（31）
丸大豆（4）	ニガリ寄せ（以下2）	アルカリイオン水（3）
あんしん大豆（2）	ニガリ造り	大自然に磨かれた水（2）
特選／特上大豆（2）	藻塩ニガリ	ミネラルウオーター（以下1）
大粒丸大豆（以下1）	自然ニガリ	湧水
粒選り大豆	海精ニガリ（以下1）	深層水
黒豆　青豆	水ニガリ	軟水器使用
おらが育てた大豆	浜ニガリ	地下100mから汲み上げた
大自然からのめぐみの大豆	海藻ニガリ	ミネラル豊富な天然地下水
深いうまみの丸大豆	海水ニガリ	地下200mから湧き出る伏流水
信頼できる農場で栽培の大豆	海水を煮詰めたニガリ	

カッコ内の数字は出現件数を示す．

これも大豆と同様沖縄地方の 0.2 字である．沖縄地方の場合「ニガリ」に関する表現は全試料 20 個中 6 個にみられ，「大豆」の場合よりも出現頻度は高い．四国地方および沖縄地方を除く「ニガリ」に関する文字数は 1.1～4.3 字

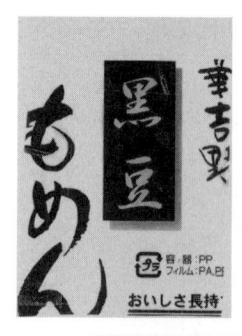

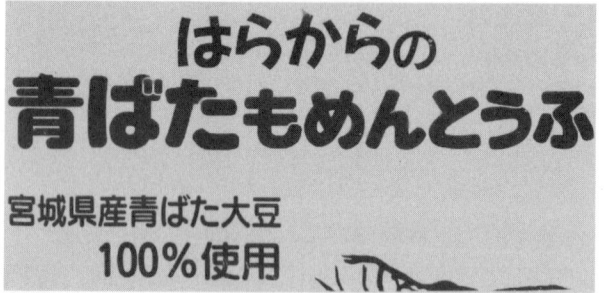

図 6.2 青大豆・黒大豆を原料とした豆腐

であり大豆に比べると地域によるバラツキの幅がやや大きい．

　凝固剤についての具体的表現は表 6.2 に併記したように，「ニガリ使用」の表現が最も多く，ついで「ニガリに地名を冠した表現」，例えば「沖縄産天然ニガリ使用」などが続き，これらの 2 つの表現でニガリのほとんどを占めている．このほかの表現としては「本ニガリ」「天然ニガリ」「塩田ニガリ」「藻塩ニガリ」「自然ニガリ」「海精ニガリ」「水ニガリ」「浜ニガリ」「海藻ニガリ」「海水ニガリ」などメーカー側が思い思いの表現をとっている．

3) 消 泡 剤

　消泡剤についての訴求表現は平均で 0.5 字と原材料の中では低いものとなっている．消費者の高い安全性意識から考えると，化学合成品であるグリセリン脂肪酸エステルなどの消泡剤を排除したメリットを，さらに文字数を多くして訴求する価値はあると思われる．しかしながら，ニガリ使用ほど豆腐製造において消泡剤を使用していること自体，一般の消費者は知らない場合が

多いと思われるので，製造メーカーとして消泡剤不使用が安全安心にとって意味があるということを今後消費者に知ってもらう努力も必要であろう．表6.2に示した具体的表現としては，「消泡剤不使用」とか「消泡剤は一切使っておりません」の二通りの表現に限られている．

4）水

「水」についての平均文字数は1.5字で全国平均して表現されているが，北海道地方および東北地方の北日本での文字数は極端に少ない．表6.2にみられる具体的表現としては，「水に地名を冠した表現」，例えば「天城山麓の伏流水」などが主な表現法となっている．

2.2 製法，品質，商品名など

1）製法および形態

製法についての豆腐1個あたりの平均文字数は2.5字で，原材料以外では「味・風味」とともに多い．特に，沖縄地方と近畿地方では平均で6.0字以上と非常に多く，逆に北海道および北陸地方は0.2字以下と少ない．これら4地方を除く地域では平均文字数1.0〜2.9字であまり大きな差はみられない．「形態」についての平均文字数は0.4字と少なく，かつ，4地方で訴求表現がみられない．

製法および形態に関する具体的表現を表6.3に示す．「製法」については「手造り」という表現が最も多く，その他では「生絞り法」「一丁仕込み」「クリーン製法」「高濃度豆乳からつくられた」などの表現が続いている．「にがり凝固製法」のように改めて製法としなくてもいいような表現，「深箱製法」「低温凝固製法」および「熟成仕込み」など理解に苦しむような表現，「昔ながらの製法」「伝承の製法」のように昔にこだわった表現などもみられる．

図4.22（第4章）に生絞り法による豆腐の包装表示を紹介したが，生絞り法はこれからも沖縄地方で継承されていくことと思われる．現在，沖縄地方以外で生絞り法が継承されている九州地方や中国地方では，その継承はなくなりつつあるのではないかと食文化の視点から心配される．

「形態」については「使い切り」「小分け」「食べきり」「半丁」「おてごろ量目」など1回の料理に合わせた量目に関する表現がほとんどである．特殊な

表 6.3 商品訴求における具体的表現（その2）製法・形態・品質・豆腐・料理

製　法	形　態	味・風味	食　感
手造り(24)	使い切り	大豆のうま味,香り,コク,甘味	煮くずれしにくい(3)
生絞り製法(7)	食べきり	まろやかな風味	よい食感(2)
一丁仕込み／一丁づくり(5)	小分けパック	風味と甘味を引き出した(以上24)	かためのとうふ(2)
クリーン製法(5)	ペアパック（以上9）	伝統の味　本物の味	なめらかなのどごし(以下1)
高濃度豆乳から(4)	半丁(3)	ふるさとの味わい	なめらかな舌ざわり
昔ながらの製法(2)	ホットパック(3)	昔なつかしい味わい	少し堅めに
にがり凝固製法(2)	おてごろ量目(以下1)	昔のままの味と風味	**豆　腐**
ゆっくり熟成し仕上げ(2)	低公害性パック	本来のおいしさ（以上10）	地名＋豆腐(9)
深箱製法(以下1)		自然の香りいっぱい	有機とうふ(以下1)
石臼つくり		自然のエキスたっぷり	信頼のとうふ
低温凝固製法		自然のうま味を引き出した（以上4）	特選すぐれとうふ
熟成仕込み			**料　理**
伝承の製法		手づくりの味(2)	鍋とうふ　鍋物（以上5）
手間かけた製法		味しみのよい(以下1)	冷やっこ(2)
独自の製法		熟成されたコク	湯どうふ
		生で絞るので風味とコクが生きている	

カッコ内の数字は出現件数を示す.

表現としては「ホットパック」「低公害性パック」の表現がみられる．使い切りサイズについては図 6.3 に包装表示を紹介する．この使い切りサイズの豆腐も2種類の形態がみられ，半丁サイズと半丁サイズが2個連なっている形態とがある．いずれも消費者の食べ切りに合わせた商品といえよう．

2）味・風味および食感

味・風味に関する平均文字数は 3.0 字であり，食感の 0.5 字よりも多いことから，かたさよりも味についての意識と関心が高いと考えられる．食感についての平均文字数は少ないが，東北地方，北陸地方の東日本および沖縄地方で 1.3～1.7 字と比較的多くなっている．

味・風味および食感に関する具体的表現を表 6.3 に併記した．味・風味については，「大豆のうま味・香り・コク・甘味」「まろやかな風味の優れた」「風味と甘味を引き出しました」というような訴求が多くみられ，その他では「伝統の味」「昔なつかしい味わい」「ふるさとの味わい」「昔のままの味と風味」

2. 訴求表現の実態

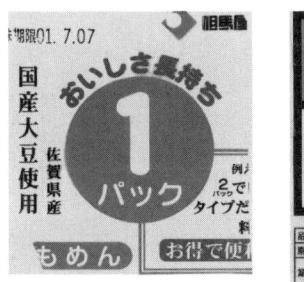

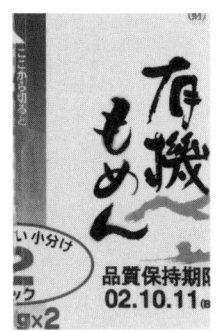

図 6.3 使いきりサイズの豆腐

のように昔やふるさとのイメージを活用した表現や,「自然の香りいっぱい」「自然のエキスたっぷりの風味豊かな」「自然のうま味を引き出しました」のように自然を付記した表現がみられる．食感については「煮くずれしにくい」「なめらかな舌ざわり」「なめらかなのどごし」「かためのとうふ」の表現がみられ，他の項目に比べると具体的でわかりやすい表現となっている．

図 6.4 には豆腐のかたさをアピールした包装表示を紹介する．「かたい」ということを訴求したこれらの商品は中国地方や北陸地方など，どちらかといえば西日本に多くみられる．

3) 豆腐および豆腐料理

豆腐に関しては，図 6.5 に示すような有名な地名を商品名とする豆腐が多くみられる．例えば,「京とうふ」「近江とうふ」「越後豆腐」「湯布院どうふ」などのような表現がとられている．豆腐および料理に関する具体的表現を表 6.3 に併記した．

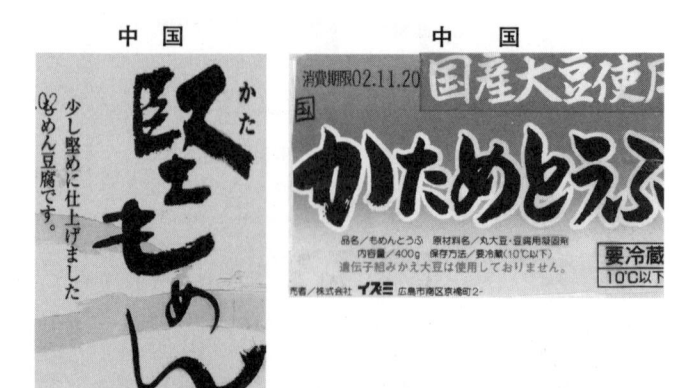

図 6.4　かたさを強調した豆腐

　料理についての平均文字数は 0.3 字と低く，北陸地方以北では平均的に出現していたが，東海地方以西の地域での訴求はほとんどみられない．豆腐料理についての表現は「鍋とうふ」「冷やっこ」の記載がみられるが，全体的に少なく，特に消費者の気を引くような訴求とはなっていない．

2.3　機能特性，日持ち，安全安心など
1）栄養機能
　栄養機能に関する豆腐1個あたりの平均文字数は 0.9 字と予想以上に多く，

2. 訴求表現の実態

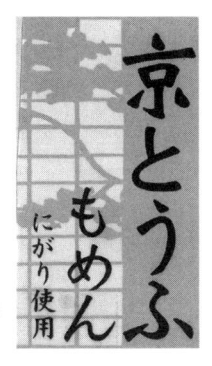

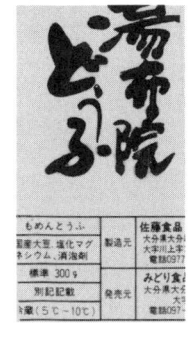

図 6.5　地名を商品名とした代表的な豆腐

特に東北地方および北海道地方の北日本では約 2.0 字と多くなっている．栄養機能についての具体的表現に関するものを表 6.4 に示す．栄養機能に関して「健康食」「健康とうふ」と健康そのものを付記した表現が多く，また，葉緑素，蛋白質，イソフラボン，ビタミン，鉄分，ミネラル，オリゴ糖，リノール酸，必須アミノ酸など具体的な成分を表現したものや，「身体にやさしい」「長寿もめん」など身体によい意味の表現がなされている．

2) 日持ちおよび新鮮さ

日持ちについての平均文字数は 0.7 字と少ないが，北海道地方では 1.7 字と高い．表 6.4 に示すように具体的表現はほとんどみられない．日持ちについては表現の変化も少なく，「おいしさ長持ち」のように簡単な表現が多い．

新鮮さについての平均文字数は 0.2 字と非常に少なく，ほとんどの地域で訴求表現されていない．最近の消費者のもつ意識[27]として新鮮さが求められ

第1部　第6章　包装表示にみる商品訴求の文字表現

表6.4 商品訴求における具体的表現（その3）栄養機能・日持ち・新鮮さ・安全安心

栄養・機能	日　持　ち	その他
健康食(4)	おいしさ長持ち(13)	昔づくり(2)
身体にやさしい(2)	10日間おいしく(3)	地産地消(2)
葉緑素(2)		プロ仕様(2)
長寿もめん(以下1)	**新　鮮　さ**	舌うち仕立て(以下1)
健康とうふ		匠の技
イソフラボン	そのままパックで新鮮(3)	古都に伝わる職人の技
大豆抽出ビタミンE	鮮度が命(1)	磨きあげた匠の技
栄養のある	生の豆乳からできたて(1)	自然育ち
蛋白の多い		まごころこめてつくる
鉄・ビタミン・カルシウム	**安全安心**	白い恋人
ミネラル	衛生的(2)	心やすらぐ禅とうふ
オリゴ糖	急速冷却で雑菌抑制(1)	作り手が味を伝える
リノール酸	おいしさ365日(1)	さわやか色あいが食卓を
必須アミノ酸		技と真心こめて
健康のことも考えて		白いあったかい食べる宝石
栄養価がよい		大豆の恵みが食文化
		豊かな食文化をお届け

カッコ内の数字は出現件数を示す.

ているにもかかわらず，現状では訴求がなされていない状態にある．実際の訴求表現の例としては「そのままパックして新鮮です」「加熱殺菌しない生の豆乳からできたてのおいしさ」「鮮度が命」など直接的な意味の表現となっている．

3）安全安心

　安全安心についての平均文字数は0.1字であり，「新鮮さ」とともに訴求がなされていない．ただし，前述した遺伝子非組換え大豆使用や消泡剤不使用も安全安心の大きな訴求の一面と考えると，むしろ文字数は多いとみるべきであろう．安全安心に関する具体的表現としては，「急速冷却で雑菌の増殖を抑えた」「衛生的」の表現や「おいしさ365日」がみられるが，安全安心に対する訴求表現の工夫はみられないようである．

4）そ　の　他

　その他の平均文字数は2.2字であり，その具体的表現として，「昔づくり」「プロ仕様」「匠の技」「職人の技」のように伝統や技術に関するものや，「地

2. 訴求表現の実態

産地消」,「自然育ち」など地域や自然を訴求したものが多くみられる．また，変わった表現では「豊かな食文化をお届します」「大豆の恵みが食文化」など食文化を強調したユニーク表現もみられる．

訴求表現法について包装に記載された文字数をカウントすることによって，商品特徴についてのアピールの実態を把握し，その実態を解析してきた．確

図 6.6 写真入り表示包装の豆腐

かに文字で消費者に訴える力は大きいが，文字だけではなく包装上に絵や写真を載せてもその訴求効果は大きいであろう．図6.6に示すような産地直送のイメージをもつ大豆生産者の写真付きや，豆腐料理の写真を載せることもより効果的であると思われる．

2.4 地名が冠された訴求表現

訴求表現の1つとして有名な地名を冠する場合が多く，例えば「北海道産の国産大豆使用」のような表現法が多くみられる．そこで，この地名を冠した表現をとるものについて地域別に集計した結果を表6.5示す．地名により修飾される豆腐個数の合計は全試料310個に対して111個と35.8％を占め，3個に1個以上の割合で出現し，「大豆」が最も多く，「水」「ニガリ」がこれに続いている．「大豆」では全試料の13.2％で地名が冠されており，豆腐10個に1個以上の割合の出現頻度を示している．特に，北海道地方と東北地方の北日本では4個に1個と多くみられる．地名を冠した「ニガリ」は関東地方から四国地方の広範囲で多くみられる．また，地名を冠した「水」は関東地方および四国地方で高く，「豆腐」は北陸地方および沖縄地方で高い．

表6.5 地名を冠した訴求表現法をとる商品の地域別比較

地方名	試料(個)	地名によって修飾される個数					合計(個)
		大豆	凝固剤	水	豆腐	他	
北海道地方	34	8	0	0	1	0	9
東北地方	35	9	0	1	2	2	14
関東地方	41	4	4	6	0	2	16
北陸地方	19	5	3	2	7	1	18
東海地方	26	1	3	3	1	0	8
近畿地方	31	4	3	3	0	0	10
中国地方	35	4	2	3	0	0	9
四国地方	31	3	3	7	1	0	14
九州地方	38	3	1	4	1	0	9
沖縄地方	20	0	0	0	4	0	4
合計（個）	310	41	19	29	17	5	111
（％）		(13.2)	(6.1)	(9.4)	(5.5)	(1.6)	(35.8)

第7章　これからの豆腐の姿

1. 社会変化と食のあり方

　21世紀に入り，特に最近食品に対する社会的ニーズが大きく変わりつつある．すなわち，社会現象として食の変換期にあるといえる．それは米国を中心とする遺伝子組換え農産物やその加工食品の市場導入が引き金となった食の安全安心に対する消費者の反応と対応である．さらに最近，新聞紙上をにぎわしているBSE（牛海綿状脳症，狂牛病）および食品の生産地表記における不正・不当表示などの安全安心に関わる事件が多発している．このような安全安心が注視される時代が到来しつつあり，今後さらにこの傾向は強まろうとしている．

　このような社会変化に対して，生産者側も食のあり方を真剣に考えなければいけない．豆腐についてもこの安全安心に立脚した商品の提供が，これからの食生活の中における位置づけをますます確固たるものにする要素となるであろう．もともと大豆や豆腐は栄養性や生活習慣病予防にとって重要な食品であることは言うまでもない．大豆や豆腐のもつこれらの機能性が消費者に歓迎されても，安全安心などに配慮が足りないと商品として今後伸びていくことはあり得ない．

　豆腐における安全安心に関わるものとして，遺伝子非組換え，生産地の明記と関係する国産大豆や無農薬有機栽培大豆の使用，食品添加物の不使用，さらに日持ちからくる新鮮さや美味しさの維持などがあげられる．単に価格が安ければ受容されるという時代は終わりつつある．このような背景から考えて，これからの豆腐のあるべき姿を考えることも豆腐メーカーを中心とする生産者側の役割であろう．

2. 豆腐の現状と将来のあるべき姿

　本書で述べてきた全国の市販木綿豆腐の実態調査の結果から得られる，かつ消費者も求めているこれからの豆腐のあるべき姿について，次のようにまとめることができる．

・製造年月日の表示された新鮮なもの
・豆風味および甘味をもつおいしいもの
・原料大豆が国産で安全安心なもの

　現在，『家計調査年報』の消費者の意識調査結果にみられる豆腐を歓迎するという傾向と，実際には市販されている豆腐の消費規模が減少しているという相反する現象が生じている．このギャップは，消費規模の減少が豆腐単価の値下がりからくるものと捉えてよいであろう．将来的には消費者の豆腐への強い関心が意識調査結果を反映する豆腐のマーケットを形成していくと考える．その際，消費者の購入基準は「新鮮」「美味しい」「安全安心」のキーワードに尽きるといえよう．

　スーパーなどでは，納豆や豆腐，サラダ油といった大豆を原料とする食品は特売の目玉商品となることが多く，平均販売価格も下がる傾向にある。油は別にしても，納豆や豆腐は消費者の健康志向に合う食品で，海外での大豆の不作による価格の高騰にもかかわらず，店頭では低価格商品，安売り商品の主役の一つである。

　総務省の調べでは，平成15年度の平均小売価格は，東京で納豆が1パック135円であり，この1年で7％下がっている．豆腐は100gあたり30円前後（1丁100〜120円）と全国的に1年前とほぼ同じ価格であるが，4年前と比べると5％前後安くなっている．実際，東京都内のある大手スーパーの平均販売価格も納豆がこの1年で約8円，豆腐が2円それぞれ下がっている．

　一方で，北アメリカ産などの輸入大豆が2年続きの不作で平成15年度に比べ平成11年度は2倍に高騰している．原料の大半を輸入に頼る食品メーカーの台所事情は苦しくなっている．だからといって消費者の財布の紐はかたく，食品売り場の定番商品は値上げもままならず，値上げ表明を見送る空気が強い．

2. 豆腐の現状と将来のあるべき姿

　こうした事情もあって苦肉の策として，価格は高めであるが，原料にこだわった商品の発売も増えているとのことである．東急ストアは北海道富良野産の大豆だけを原料にした「東急セレクト富良野の大地」シリーズを平成15年3月から発売．納豆が30g入り2個パックで138円，豆腐が300g220円と通常商品よりもかなり高めであるが，売れ行きは好調のようである．このような商品開発の取り組みから，「多くて安いお買い得感」と「自然・新鮮・作りたて感」の二極化した両者の価値観を比べたとき，後者が今後の豆腐産業としての進むべき方向の1つであることは間違いないと考えられる．

　現在の豆腐の伸び悩みの原因を考えてみよう．第2章で述べたように，従来からの豆腐をスーパーの店頭に並べて売るだけでは豆腐消費を期待できない．筆者と同じような意見や考え方をもった人達もいる．例えば，フードジャーナル社発行の『大豆と技術』の中で，（株）おとうふ工房いしかわの石川[28]が，「なぜ豆腐業界が殻を破れないか．現代の豆腐は時代ニーズにあっているか」と述べ，「相変わらず四角い豆腐を作ることのみに専念し，新しい豆腐の配合レシピーも考えず，同じ生産機械で同じ条件で同じお客様に同じ販売スタイルで当たり前にやっている」と手厳しくコメントしている．

　さらに，トーフハウスそい美[29]では「豆腐は一素材，身体によいといくら口で説明しても限界がある．そこで，お客と製造メーカーによる双方向のコミュニケーションを重視し，そこから得られる情報（消費者ニーズ）をもとにして身近なメニューを提案し，ニューファミリー層やヤング層の取り込みを積極的におこなっている」と述べている．さらに，「豆腐は身体によいと言われて久しいが，この点で即効性を出すのが難しい．そのためには広く消費者に理解してもらい，食べ続けることで健康を勝ち取るようにしてもらわなければ得策とはいえない」と結論付けている．

　これまで述べてきた豆腐に対する考え方や社会背景を加味すると，図7.1に示すように，豆腐は健康によいとされるが，消費者の健康に豆腐が寄与するには良質の素材と加工技術に支えられた加工食品となり，さらに調理による料理・メニューの提供を経ることによって食べられる機会が多くなり，その結果食生活が改善され，健康を勝ち取ることができるという構図が考えられる．この流れの重要なポイントとして，従来型の豆腐の喫食形態も含めて新

第1部　第7章　これからの豆腐の姿

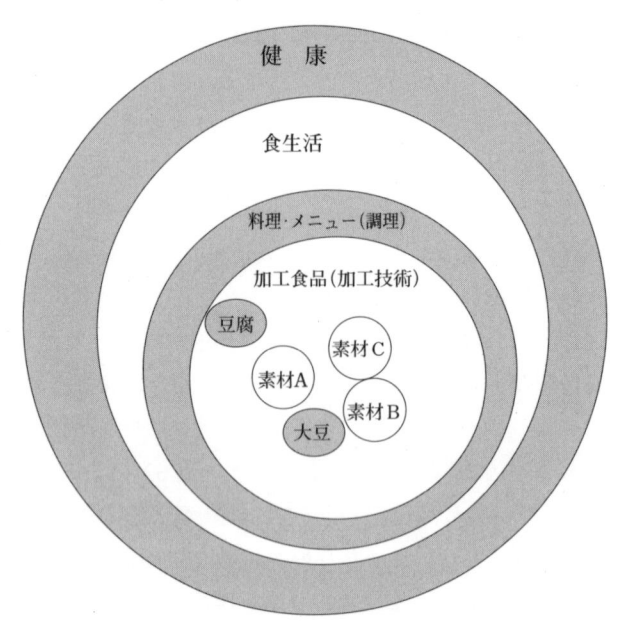

図 7.1 素材（大豆）を取り巻く食生活と健康

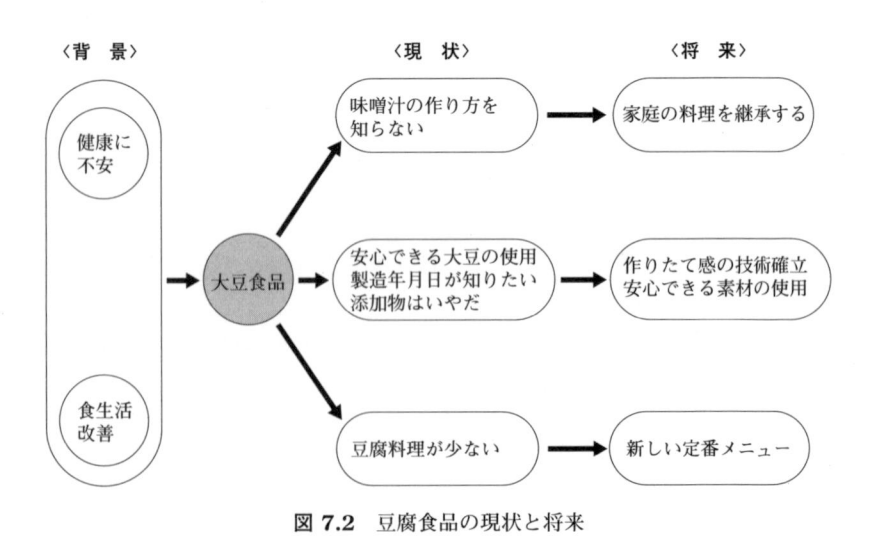

図 7.2 豆腐食品の現状と将来

2. 豆腐の現状と将来のあるべき姿

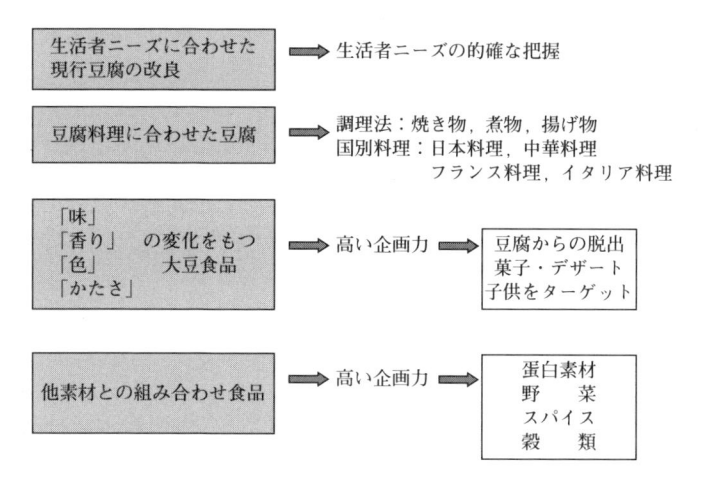

生活者ニーズに合わせた現行豆腐の改良	⇒	生活者ニーズの的確な把握		
豆腐料理に合わせた豆腐	⇒	調理法：焼き物，煮物，揚げ物 国別料理：日本料理，中華料理 　　　　　フランス料理，イタリア料理		
「味」「香り」「色」「かたさ」の変化をもつ大豆食品	⇒	高い企画力	⇒	豆腐からの脱出 菓子・デザート 子供をターゲット
他素材との組み合わせ食品	⇒	高い企画力	⇒	蛋白素材 野　菜 スパイス 穀　類

図 7.3　豆腐の将来の姿

しい豆腐料理の工夫と提案が重要であることを強調したい．

そこで，第2章の消費者意識調査および第4章の全国豆腐調査の結果並びに上述した豆腐料理の新しい提案の仕方などを要約し，豆腐の現状と将来におけるあるべき姿を示すと図7.2のように考えられる．これからも豆腐は味噌汁としての食べ方が主流になるとは思うが，もう少し消費者の意向やニーズを踏まえ安全安心および作りたて感が付与された品質とする努力がメーカー側の役割と考える．また，これまでにない新しい食べ方をメニューやレシピーをつけて提案する役割の一端をメーカー側が担わなければならないのではなかろうか．

以上述べてきたことを図7.3に豆腐の夢をもてる将来の姿として示す．大豆から生まれた豆腐に期待する未来像をこの図に表現している．お客のニーズに合わせたニーズ具現型の新豆腐，国別料理や菓子・デザートにマッチしたいろいろな味，香り，色，かたさを有する新豆腐，牛乳や小麦粉などの他の素材と組み合わせてつくられた新豆腐などが食生活の夢として広がってくることを確信する．

第 2 部　豆腐の食文化と大豆の機能研究

第1章　豆腐を中心とした東アジアの大豆食品

1. 大豆食品概要

　大豆は中国で栽培が始まり重要な食材として利用されてきたが，古代には実際にどのような形態の食品として摂取されたかはあまりよくわかっていない．現存する世界最古の農業書とされている『斉民要術（さいみんようじゅつ）』は，中国が隋・唐に統一される前の南北朝の北魏（ぼくぎ）末年ごろ（530年から550年の間）に賈思勰（かしきょう）によって撰著された．この中で大豆の加工品である「豉（し）」「豆醤（とうじゃん）」のかなり大きな規模の製法が述べられている．豉は現在の干納豆に近く，もっぱら調味料として用いられたらしい．豆醤は烏豆（うとう）（黒大豆）から作られ，現代の味噌に近く醤油のもろみのような状態で副食として利用された．

　『斉民要術』には豆腐やその加工品の記述が全くないので，この時代にはまだ一般的には食べられておらず，すぐ後の隋や唐の時代から広く利用され始めたと推定できる．伝説によれば，豆腐は漢の時代に淮南王劉安（わいなんおうりゅうあん）（紀元前178～同122年）によって発明されたと伝えられているが確かな証拠はない[30]．

　わが国における大豆の利用については多くの文献があるが，歴史的に残る記述としては江戸時代の元禄年間に著された『本朝食鑑（ほんちょうしょっかん）』に大豆食品がみられる．この中には豆腐のほかに新たに糸引納豆，油揚げなどの加工食品の記述もみられる．

　豆腐，納豆，味噌，醤油など大豆食品は，わが国では昔から食されてきた馴染み深い食品であることは言うまでもない．豆腐は50～100年前までは正月や祭りなどハレの日の食事や精進料理として自家製造されていたほどであったが，現在ではすべて豆腐屋，食料品店もしくはスーパーマーケットから購入し食卓に供されている．近年，生活習慣病予防から大豆食品，特に豆

第2部　第1章　豆腐を中心とした東アジアの大豆食品

腐や納豆の機能性は見直されており，将来的にもその消費量が増えていくことは，健康面から好ましいことである．そこで，食生活における大豆食品の更なる普及により我々の健康を維持していくために，現状の大豆食品の実態について把握することは重要であると考えている．

伝統的な利用は江戸時代以降も継承されるが，時代が下って近代になり大きな変化が起こる．それは大豆が油糧種子としての重要性が認められるようになり，大豆全体を食に供するよりも大豆から搾油して食用油として利用するようになったからである．1920年頃から朝鮮半島における満州産大豆の輸入増加に伴い，大豆油の生産が盛んとなり，副生する大豆搾油粕は一部グルー（にかわ），繊維などの工業用途はあったが，主として肥料として利用された．

この頃から国内での大豆生産は激減し，第二次世界大戦直後は生産も輸入も大きく減少した．戦後は伝統食品に利用する大豆の栽培は一部復活したものの，1950年代から主として米国からの輸入の激増に伴って国内産大豆の年間生産量は30万トン弱にまで減少し，輸入量は約500万トンに達している．輸入大豆は大豆油としての利用が主であり，大豆油を搾油した後の副産物である脱脂大豆の大半が家畜の飼料として利用されていたが，1970年頃から新蛋白食品素材として新しい用途が開拓されつつあった．

米国における大豆油の用途は，当時主に塗料としての亜麻仁油の代用とされ，搾油粕は主に飼料として利用されていた．大豆蛋白は木材工業における接着剤やプラスチック，衣料，繊維などに利用されたけれども，石油製品に取って代わられるようになって大豆の利用は衰退した．この頃から，大豆油も食用油としての利用が大きな地歩を占めるようになり，また，大豆蛋白も最近では徐々に食品としての利用も増加しているように見受けられる．さらに，わが国と同じく新しい蛋白食品としての利用開拓も試みられつつある．前述したように，近年大豆食品が成人病や生活習慣病によい食品であるという評価が世界的に広がり，その機能性は医学的観点から各国において調べられている．

2. 豆腐の食文化

2.1 中　　国

　豆腐の発祥地は中国であり，漢の淮南王劉安の発明によるという『淮南子(えなんじ)』を根拠とした説が最も古いものとなっている[30]ことは前にも述べた．しかしながら，劉安発明説からずっと時代が下った北魏時代（6世紀）に出版された『斉民要術』や隋・唐時代（618～907年）の料理書でも「豆腐」や豆腐の別称である「黎祁」ならびに「來其」の文字は登場せず，現在でも豆腐発生の時期についてははっきりしていない．『飲食史林』[31]に記載されているように，中国の科学史家袁翰青が各種文献を詳細に調べた結果，農民が畦道に植えていた大豆が熟して地面に落ち，そこで地中のカルシウムなどの塩類と一緒に混ざって豆腐のような凝固物になったということもありうるとして，豆腐の発明者は農民であるという説も可能性はあると思われる．ただし，豆腐になるには高温での加熱が必要であることから，その当時の気候が異常に高温であったか，たとえ高温であっても現在の豆腐のようなものではなく，ブツブツ状の白い小さな固まり程度のものでしかなかったであろう．

　豆腐が初めて文字として登場してくるのは，隋代から五代に至るエピソードを採録した宋代初期の陶穀（903～970年）による『清異録』（964年）の本文中においてであり，宋代末期の料理書で林洪による『山家清供』（1266年前後）には「東坡(とうば)豆腐」という料理がみられることから，その少し前の唐代ごろに発明されたのではないかとの見方が現在では有力となっている[32]．このように豆腐の起源ははっきりしないが，中国で発明され日本に伝来したのは確かといえる．最近の中国各地で売られている豆腐の情景を図1.1に示す．写真からみると，今でも中国では水気の少ない堅い豆腐が一般的には使用されていることがうかがわれる．

2.2 日　　本

　豆腐の日本への渡来は奈良時代から平安時代で，中国では唐代にあたる．その伝来ルートは最も古くは奈良，ついで沖縄および土佐といわれている．奈良説では奈良春日大社の文献（中臣祐重，1183年）の中に御供物として「唐

第2部　第1章　豆腐を中心とした東アジアの大豆食品

貴州省雷山ミャオ族の村で豆腐を売る
女性（1997年撮影）

雲南省昆明の市場で
（1999年撮影）

雲南省石屏県の豆腐売り
（1999年撮影）

台北の市場の豆腐コーナー
（1999年撮影）

図1.1　中国の地方における豆腐販売風景
（味の素食の文化センター・草野美保氏提供）

府」という文字が記録されていることからきている．この説は篠田[32]による貴重な調査結果から導き出されている．

　この奈良ルートについて，豆腐は最初奈良や宇治でつくられ，京都へ運ん

2. 豆腐の食文化

だ時期もあったが，次第に京都が拠点となっていった．その原因は水にあったとされている．豆腐は固形分が13％程度でほとんどは水からなっているといってよい．水のよしあしが豆腐の味を決めるといわれる．周囲の山々から下る良質な地下水に恵まれた盆地は豆腐の都としても最適であった．都の上品な趣味とあいまって，より白く，舌触りの良い上品な味に洗練され，「女豆腐」と呼ばれる色白で柔らかい豆腐が生まれた（京都府豆腐油揚商工組合）．1550年著の『大草家料理書』にはゴマなどをかけて醤油で食べる細切りの「うどん豆腐」など凝った料理も登場してくる．八坂神社境内にある二軒茶屋中村屋楼は今も田楽（でんがく）豆腐で有名である．

沖縄ルートは注楫（ちゅうしょう）による『使琉球雑録』に，14世紀以降，冊封使（さっぽうし）に随行した料理人によって伝えられたという記事がある．一方，土佐ルートは文禄・慶長年間（1592～1597年），朝鮮戦役の際，朝鮮半島から豆腐職人を連れてきたことに始まるといわれている．

豆腐は最初は貴族階級や僧侶など高貴な人たちだけの料理であった．豆腐が庶民階級の間に広まったのは茶道が普及し会席料理が発達した室町時代以降のことである．鎌倉時代では禅宗僧侶によって精進料理が普及し，やがて貴族階級に伝わっていった．室町時代（15～16世紀）に至って，豆腐の原型が生絞り法（なましぼり）[33]を主流として国内に浸透していった．江戸時代になると，庶民の食生活に本格的に取り入れられ，多くの豆腐料理が編み出された．有名な1782年に刊行された『豆腐百珍』[34]では続編まで含めると238種類の豆腐料理が工夫考案されるに至った．豆腐はこの『豆腐百珍』の中にもみられるように，昔はあたかも食事のメインの食材として調理されているように受け止

図 1.2　江戸時代の豆腐売り風景
（味の素食の文化センター所蔵）

第2部　第1章　豆腐を中心とした東アジアの大豆食品

められると同時に，わが国において豆腐は代表的伝統大豆食品の1つとなっていった．図1.2に示すように，江戸時代の豆腐を商う情景が浮世絵に残されている．

豆腐にまつわる諺として，「芝居が不入りなら忠臣蔵，おかずにつまればとうふ汁」といわれたように，豆腐の大衆性は伝統食品の中でも際だった存在といえ，庶民に親しまれ，おそらく昔の豆腐はどっしりしており，重量感と存在感があったと思われる．また，「食えなくなったら豆腐屋を」と言われたように，あまり経験も必要とせず簡単に商売できる製造業であった．

「豆腐」の呼び方は室町時代に入ってから使われるようになり，古くは「おかべ」とも言った．これは豆腐の表面が白壁に似ているからである．中国では「豆腐」とは"豆を発酵させたもの"で，日本の「納豆」に相当する「豉」は"豆を型の中に納めたもの"であるといわれており，豆腐と納豆は現在の我々の目からみると逆のように思われる．篠田[32]は「腐」には"腐ったという意味はなく脳味噌のように柔らかくてプルンプルンした状態を指す"としているので，豆腐と納豆の呼称は現在のままでよいと考えられる．なお，納豆の語源については僧坊の納所(なっしょ)でつくられた豆というところからつけられたといわれている．

近年の豆腐はソフト化の波に乗って水っぽくやわらかい，画一化された品質となり，どこで食べても同じような味や歯ごたえをもつ豆腐となってきており，料理における存在感も失われてきているように思われる．その食べ方もだんだんバリエーションがなくなりつつあり，現在では唯一味噌汁のみが日常的で一般的な豆腐メニューとなっている．

豆腐の製法を図1.3に示す．大豆を水に漬けて膨潤させ石臼(いしうす)で砕いて呉汁(ごじる)をつくり，これを煮立ててから絞り，豆乳を得る．これをニガリで凝固させて豆腐とするのが現在一般的な製法とされている．この方法を煮取り法という．しかし，図1.3に示すように中国や韓国では，古くからこの煮取り法とは違う生絞り法[33)35]がとられてきている．これは呉汁を加熱せず生のままオカラを絞り，得られた豆乳の段階で初めて加熱され，その後凝固させる方法である．すなわち，加熱がオカラを分離する前なのか後なのかの違いである．これらの方法の違いは最終製品の品質の差，特に味・風味や食感の差となっ

2. 豆腐の食文化

て現れる．

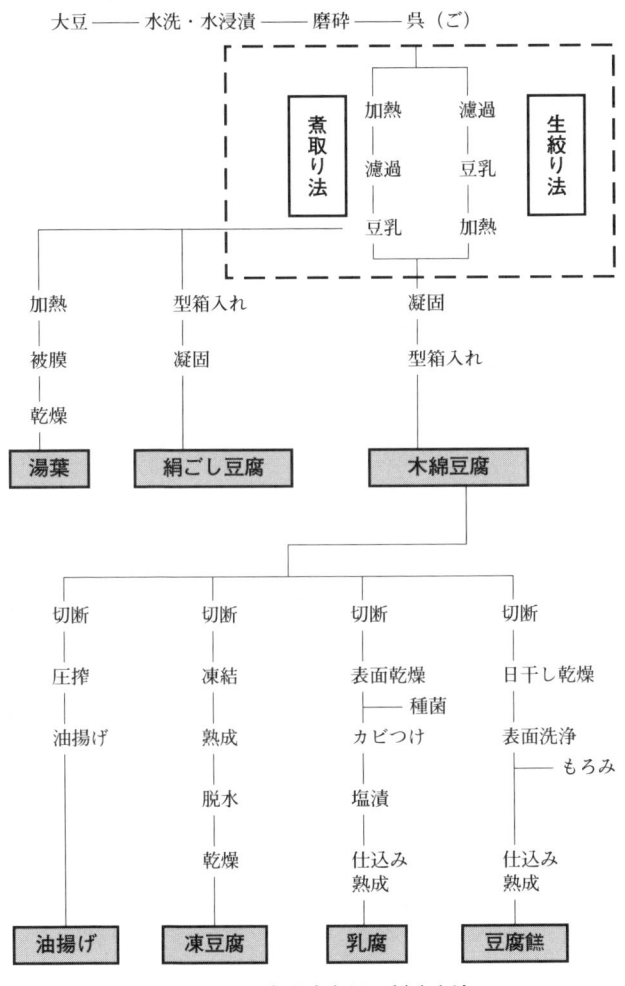

```
大豆 ── 水洗・水浸漬 ── 磨砕 ── 呉（ご）
```

┌─────────────────────────────────┐
│ 煮取り法   加熱　濾過   生絞り法 │
│   濾過　豆乳   │
│   豆乳　加熱   │
└─────────────────────────────────┘

- 加熱 → 被膜 → 乾燥 → **湯葉**
- 型箱入れ → 凝固 → **絹ごし豆腐**
- 凝固 → 型箱入れ → **木綿豆腐**

木綿豆腐から：
- 切断 → 圧搾 → 油揚げ → **油揚げ**
- 切断 → 凍結 → 熟成 → 脱水 → 乾燥 → **凍豆腐**
- 切断 → 表面乾燥 ── 種菌 → カビつけ → 塩漬 → 仕込み熟成 → **乳腐**
- 切断 → 日干し乾燥 → 表面洗浄 ── もろみ → 仕込み熟成 → **豆腐餻**

図 1.3　豆腐関連食品の製造方法

3. 納豆・味噌・醤油・乳腐・テンペの食文化

3.1 納豆の食文化

　東アジアの大豆発酵食品について，中尾佐助は図1.4に示すように納豆の第三角形と味噌の楕円という考え方を示している．大豆発酵食品はジャワのテンペ，ヒマラヤのキネマ，日本の納豆の3つをむすぶ三角形，すなわち中国の雲南省，貴州省，四川省を一辺とし日本の北部を東の端とする地域に分布し，いずれも無塩大豆発酵食品である[36]．アジアモンスーン地帯の照葉樹林帯に属するこれらの地域は，微生物の繁殖に絶好の気象条件を備えていることから，このような発酵食品が生まれ発達したと考えられている．アジアにおける納豆の分布とその名称を参考までに図1.5に示した．さらに，図1.6には納豆加工品の系譜を示しているが，アジアを中心に納豆技術が伝播したことを物語るものとなっている．これらの大豆発酵食品の原型はいずれも中

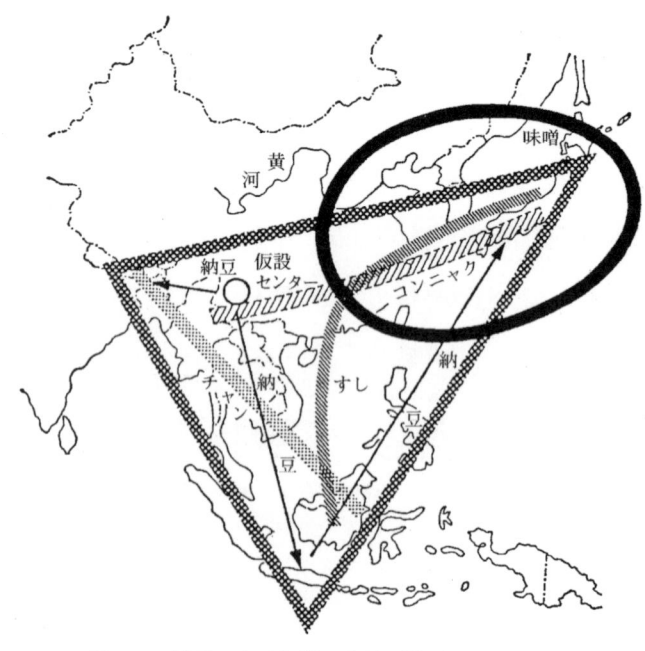

図1.4　納豆の大三角形と味噌の楕円（中尾，1972）

3. 納豆・味噌・醤油・乳腐・テンペの食文化

図 1.5 アジアにおける納豆の分布とその名称

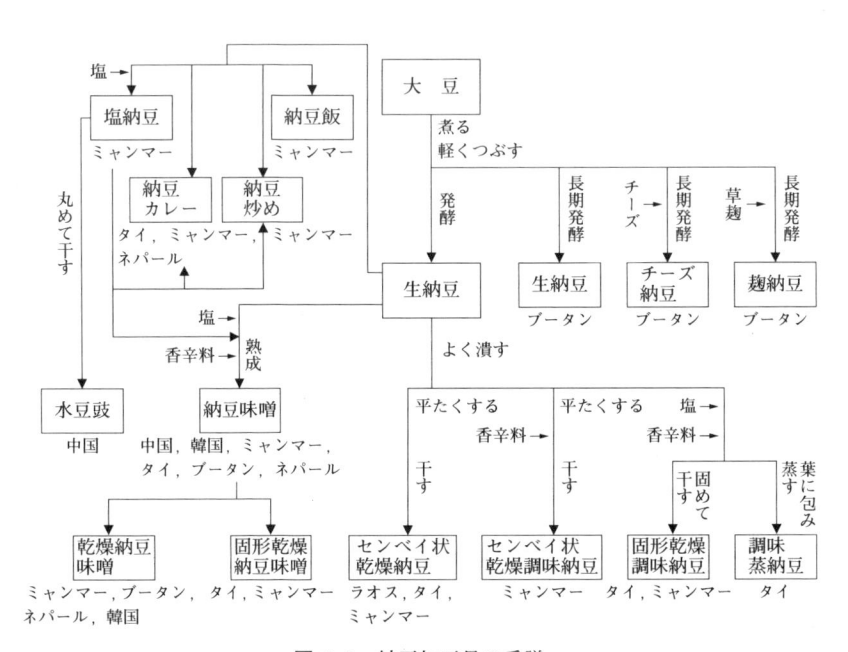

図 1.6 納豆加工品の系譜

国大陸から伝わったものであるが，東アジアと東南アジア一円に形を少し変えて独特なものとなって今日まで残り，これらの地域より西の世界にはあまり普及しなかった．

納豆は7世紀後半に中国から渡ってきたと言われている．中国では「豉嗜(しし)」と言うが，明代の『本草綱目』37)には「淡豉」(無塩)および「塩豉」(加塩)として記録されている．日本の納豆にも「糸引納豆」と「塩納豆」の2種類がある．日本において最初に出てくる「納豆」の文字は『新猿楽記』(1060年頃)の「塩辛納豆」である．「糸引納豆」が日本でいつ頃どのようにして作られたかは非常に興味がもたれるところであるが，未だ不明となっている．

現在の糸引納豆発祥説として，八幡太郎義家の前九年の役(1051年)と後三年の役(1083年)とする伝説が有名である．軍馬に食べさせる煮豆を藁(わら)で包んで戦に持ち歩いていたところ，ほどよい温度で適度の時間おかれ，気がついたら納豆になっていたという．この戦場付近の秋田・岩手や義家の戦いの道筋にあたる宮城・茨城にその産地があり，また戦いで負けたある武将が流された九州にも納豆を食べる習慣が残っていたりする．関東から陸奥にかけての納豆にまつわる故事来歴の残っている道を「納豆ロード」と称している人もいる．秋田県横手市金沢には納豆発祥の地の言い伝えが刻み込まれた石碑がある．

糸引納豆は周知のように独特の味，風味，香りをもつ地域色の強い食品であり，北海道および東北地方で消費が多い．最近では全国的に生産と消費が広まりつつあり，最近の食生活からみた健康食品イメージも消費の地域的な広がりを促進する要因となっている．

納豆の製法を図1.7に示す．中国で生まれた塩辛納豆は大豆煮豆に炒った麦粉をまぶし，水分を吸収させて麹を作り，干した後に塩水を加えて1か月から数か月ほど麹菌により発酵させた黒褐色の納豆である．現在でも京都や浜松の郷土名物になっており，塩味に独特の風味が加わっている．

3. 納豆・味噌・醤油・乳腐・テンペの食文化

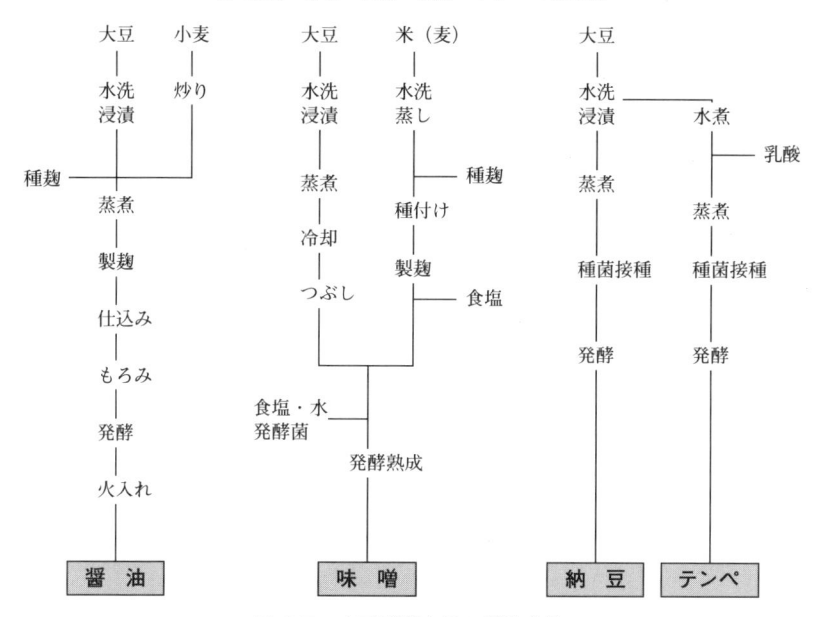

図 1.7 大豆発酵食品の製造方法

　納豆菌で発酵させた「糸引納豆」についてその製法は我が国において詳細に知られている．糸引納豆は浜納豆のようにカビに属する麹菌で作るのではなく，自然に稲藁に付着した納豆菌による自然発酵により製造されるが，かつてはこの発酵時の雑菌による失敗も多く経験してきた．

　明治に入って矢部規矩博士によって1894年（明治27年）にはじめて納豆菌の分離に関する研究報告が出され，数種の細菌が分離された．しかし，どれが納豆を作る細菌か不明であったが，その後1904年（明治37年）になって沢村眞博士により納豆菌が突き止められた．大正末期には純粋培養した納豆菌を種菌として用いる技術が開発され，経木や折り箱が容器として用いられ工業的に生産されるようになった．

3.2 味噌・醤油の食文化

　味噌および醤油のルーツは醤（ひしお）と呼ばれるもので，紀元前1200年頃，中国の周代の法制度をまとめた『周礼（しゅらい）』という儒教の教典の中に記載され，また

第2部　第1章　豆腐を中心とした東アジアの大豆食品

醤（ひしお）　⇨　醤油（しょうゆ）
未醤（しょう）　⇨　味噌（みそ）

　王室の調味料として作られたことが後漢時代（540年頃）の中国最古の農業技術書『斉民要術』に詳細に記載されている．醤は今日の麦味噌の前身とみられている．唐代（630〜894年）に遣唐使の派遣がおこなわれ，これらの人々によって中国の醤および豉の製法が日本に伝わってきた．中国で生まれたこの技術が朝鮮半島を経て日本に伝わったというルートもあり，中国からのものは唐醤（からびしお），朝鮮からのものは高麗醤（こまびしお）と区別して呼ばれた．

　日本における味噌および醤油の最初の記録は『大宝律令』（701年）にみられ，朝廷の大膳職に属する醤院で大豆を原料とする醤，豉（くき），未醤（みしょう）として記録されている．その当時，醤には草醤，魚醤，穀醤，肉醤などがあった．草醤は果物，野菜，海藻などを漬けたもので後の漬物になった．魚醤は魚介類に塩を加えたもので現在の塩辛の原型で調味料として用いられた．穀醤は米，麦，豆などに塩を加えて発酵させたもので現在の味噌や醤油のルーツであろうと考えられている．

　味噌は中国から伝わったとされているが，味噌は醤油と異なって記録の点ではやや乏しい．現在のような形態としての味噌はむしろ日本独特のものといってよいであろう．平安時代になると醤づくりの技術が進み，これまでの固形に近いものからどろどろとした液体になっていった．醤は醤油であり，未醤は醤にならない未発酵の固形物が多いものを指し，現在の味噌に近いも

3. 納豆・味噌・醤油・乳腐・テンペの食文化

のと考えられている．

「味噌」という記録は平安時代の『日本三大実録』(901年)の中にあり，未醤の当て字として味噌の文字が用いられたと推察されている．奈良時代には僧侶や貴族にのみ貴重な食品として愛用されたが，平安時代になると庶民の間に少しずつ広まっていった．わが国で初めて「醤油」という文字が現れたのは1597年に刊行された『易林本節用集(えきりんぼんせつようしゅう)』の中においてである．室町時代からさらに江戸時代に進むにつれて「醤」から「溜(たまり)醤油」へと日本独特の手法で改善されていった．貝原益軒の『大和本草(やまとほんぞう)』(1708年)では醤油は「豆油(たまり)」と記され，その「たまり」の副産物が味噌と考えられている．その後「溜(たまり)」はやや狭い意味をもつようになっていった．

米が主食の座を占めるようになって，日本人の嗜好に合った味噌および醤油へと改良が加えられた．味噌および醤油は室町時代には一般庶民の間に広く普及したものの，主に自家用として小規模の製造にとどまっていたが，江戸時代に入ると工業的生産がおこなわれるようになった．江戸時代前期までは，醤油には大麦が使用されていたが，江戸中期以降は関東地方の好みに合うように小麦が使用され，今日の醤油に近い風味の優れたものになっていった．

醤油工業は当時の文化の中心であった関西から起こり，政治の中心が江戸に移ってから江戸の人口が増え，元禄時代の1670年頃には江戸を控えた野田や銚子が大生産地となっていった．醤油の醸造は江戸末期から本格的に工業化され，さらに第二次世界大戦後は省力化，合理化を目的とする機械化・自動化が進んだ．醤油の輸出は江戸時代初期の1668年に長崎からオランダに輸出されたのが最初とされている．輸出が飛躍的に伸びたのは第二次世界大戦後であり，1972年にはキッコーマン社が米国のウィスコンシン州に近代的で大規模な醤油工場を建設するまでに至った．

味噌の製法の概略を図1.7に併記した．味噌には多くの種類があり，それぞれ独自の製造法で作られている．作業工程は大別して製麹(せいきく)，大豆処理，発酵・熟成，調整の4工程からなっている．麹をつくるには米（または大麦）を精白，洗浄，蒸し，冷却して蒸米とする．種麹を加えて種付け麹菌を繁殖させるのが製麹工程である．麹菌の酵素によって原料が分解されるので，製麹

は最も重要な工程となる．出麹(でこうじ)をそのまま放置すると麹菌の呼吸のため発熱するので食塩を加えて発熱を停止させる．これを塩切りと呼ぶ．一方，大豆もチョッパーでつぶされ，これに塩切麹，食塩，塩水を加えて仕込む．発酵熟成は嫌気的におこなわれる．

醤油の製法の概略を図1.7に併記した．醤油は製造法によって本醸造，新式醸造，アミノ酸混合の3方式に分けられる．本醸造は微生物の力だけで大豆，麦，米などの原料を分解，発酵・熟成させるもので，製麹，大豆・小麦処理，発酵・熟成，火入れの4工程からなっている．丸大豆は洗浄後高圧蒸気で蒸煮される．小麦は炒ってからローラーで砕き，これに蒸した大豆を混ぜ，さらに種麹を加えたものを麹室(こうじむろ)に入れて適当な温度と湿度のもと3日間保ち麹を作る．室から出した麹に塩水を混ぜて仕込む．これを適温に保ち発酵させると熟成もろみになる．このもろみを布袋に入れ圧搾する．絞った醤油は生醤油(きじょうゆ)または生揚醤油(きあげ)と呼ばれる．これを加熱殺菌（火入れ）して醤油となる．

3.3 乳腐の食文化

中国や東南アジアには，豆腐を発酵させた食品で「乳腐(にゅうふ)（ルウフウ）」と呼ばれるものがある．この乳腐は「腐乳」もしくは「豆腐乳」とも呼ばれ，中国や台湾で古くから作られてきた．これが中国から江戸時代に伝わったが，味・風味が強烈で日本では受け入れられず普及しなかった．ところが，沖縄だけは日本人の嗜好に合うように改良され「豆腐餻(とうふよう)」と呼ばれ親しまれるようになった．乳腐は中国や台湾では朝食の粥(かゆ)に混ぜたり，饅頭(まんとう)に包んだり，朝食時のおかずとして食べられており，我々が茶漬けに梅干を添えたり，パンにチーズやバターを挟む感覚で気軽に食事に供されている．乳腐は極めて塩分が多く匂いに癖があるのに比べ，豆腐餻は食塩を使わず，その代わり防腐目的として沖縄特産の泡盛を用いることが特徴となっている．

これらの豆腐発酵食品は国によっていろいろな呼び方がされており，ベトナムでは「チャオ」，タイでは「タオフィ」と呼ばれている．

乳腐は図1.3に示すように，豆腐製造，カビ豆腐製造，熟成の3工程からなっており，豆腐餻は豆腐製造，豆腐乾燥，もろみ漬け仕込み，仕込み・熟

成の4工程からなっているが，基本的には同じといえる．

3.4 テンペの食文化

テンペはインドネシアの伝統的無塩大豆発酵食品で数百年の歴史をもっている．インドネシアの中でもジャワ島で最も広く普及している．人口増加に伴う栄養確保のため優れた高蛋白食品であるテンペを食べることを国で推奨した結果，インドネシア各地に広まっていった．インドネシアでは肉の代わりに大豆蛋白の利用が盛んで，テンペとともに豆腐やもやしもよく食べられている．テンペはそのまま食べることはほとんどなく，薄く切って食塩水に漬けてから油で揚げたり，細かく砕いてスープに入れたりして食べられている．

テンペは納豆のように強い個性がなく，むしろ淡白な風味の食品であるため，いろいろな総菜の原料として使われたり，加工原料として使用される可能性も大である．米国でテンペの消費量が伸びている原因は，動物性食品の取り過ぎからくる肥満，成人病対策として植物性食品が見直されたためで，大豆食品全体の需要が拡大している．

日本でも健康食品として注目されたが，そのまま食べてもあまり美味しくなく，あくまでも総菜の原料として美味しく調理する習慣が伴わないためか，急速な普及はみられなかった．昨今の健康志向の動向からみてテンペはその無味に近い性質から幅広く料理に利用することが可能とみられ，今後世界的に消費が拡大していく要素は十分持ち合わせている．

テンペはその作り方に特徴をもっている．図1.7にテンペの製法の概略を併記した．テンペはリゾプス属のカビを用いて作られる．同じタイプの無塩大豆発酵食品であるヒマラヤのキネマはバチルス属主体の細菌を用いて発酵させたものである．日本の納豆が古来から稲藁に付着している納豆菌を用いるように，テンペはバナナの葉に付着しているリゾプス属のカビを利用した独特の製法によるものである．現在，工業的にはリゾプス菌を培養した胞子を種菌として用いている．

第2章　日本の豆腐食文化―豆腐百珍

1. 百珍概要

　わが国において豆腐料理に関する最も古典的で広い領域を網羅している書物として，江戸時代に編集された醒狂道人何必醇（かひつじゅん）による『豆腐百珍』が有名である．この書物は天明2年（1782年）の出版であり，豆腐の種々の食べ方を1冊にまとめたもので，当時豆腐が庶民に広く浸透していたことをうかがわせる．

　『豆腐百珍』についてもう少しふれてみる．『豆腐百珍』が天明2年に出されて，ついで天明3年に続編が出版されている．この続編まで含めると200種の豆腐料理が記載されていることになるが，最初の『豆腐百珍』記載の100料理が基本となっている．

　この『豆腐百珍』の原書は書体が現在の我々では判読しづらい．そこで，阿部孤柳が復刻編著[34]としては昭和46年（1971年）に『豆腐百珍』（非売品）を真秀書林から出版，さらにその後『豆腐百珍続編』がまとめられている．この阿部孤柳によるものが現在では最も一般的に読まれている．昭和63年（1988年）には福田浩が教育社新書から『豆腐百珍』『豆腐百珍続編』『豆腐百珍余録』を現代語に訳して出版している．

　『豆腐百珍』では，豆腐の料理は尋常品，通品，佳品，奇品，妙品，絶品の6ジャンルに分けられている．豆腐料理100種類についてみると，尋常品には「木の芽でんがく」，「雉（きじ）やきでんがく」など26料理，通品には「油揚とうふ」，「絹ごしとうふ」など10料理，佳品には「苞（つと）とうふ」，「今出川とうふ」など20料理，奇品には「蜆（しじみ）もどき」「玲瓏（こおり）とうふ」など19料理，妙品には「光悦とうふ」「真のケンチェン」など18料理，絶品には「雪消飯（ゆきげめし）」「真のうどんとうふ」など7料理をあげている．また，江戸時代に評判の高かった「目

川でんがく」の製法なども記載されている．

2. 尋 常 品

　尋常品について表2.1に作り方を示す．読みづらいものとして，霰（あられ）とうふ，再炙（ふたたび）でんがく，速成凍（はやりこおり）とうふ，松重（まつかさね）とうふなどがある．全体からみた料理数としては最も多い．田楽はNo.1, 2, 11で3品種と多い．特徴あるものとしては，No.7および17にみられるような，うどん状に成形して食べるものがある．現在ではまったく見られない食べ方である．また，ハンペンとうふ（No.5）も長芋を使っており

表2.1　豆腐百珍（尋常品）の料理名と作り方

No.	料 理 名	作 り 方
1	木の芽でんがく	湯中で豆腐を切り火にかけ焼き，木の芽と甘酒を混ぜた味噌で．
2	雉やきでんがく	豆腐をキツネ色に焼き，煮かえし醤油に柚を添える．
3	あらかねとうふ	豆腐を手で崩し，酒と醤油で炒め，すり山椒とで食べる．
4	むすびとうふ	細断豆腐を酢に漬けおにぎりにし水で酢気をとり，味付けは好み．
5	ハンペンとうふ	豆腐と長芋等量を混ぜ，丸くし美濃紙に包み湯で煮，味付けは好み．
6	高津湯とうふ	絹ごしを茹で，熱い葛をあんかけにして芥子を添える．
7	草の八杯とうふ	豆腐をうどん状に切り醤油と酒で味付けし，葛とおろし人参を添える．
8	草のケンチェン	摺り豆腐と栗，牛蒡を炒め，湯葉で巻き干瓢で結び醤油と酒で味付け．
9	霰とうふ	豆腐をサイコロに切りザル中で角を取り油で揚げ，味付けは好みで．
10	雷とうふ	豆腐をごま油で炒り醤油で味付け，葱白根，大根おろし，わさびを添える．
11	再炙でんがく	豆腐を適当に切り，醤油でつけ焼にし乾かす．味噌をつけ再度焼く．
12	凍とうふ	豆腐を8等分し湯をかけ一晩極寒におき，また湯で煮て何日も太陽に晒す．
13	速成凍とうふ	「凍とうふ」で，一晩さらし翌日すぐに使うもの．
14	すり流しとうふ	豆腐に葛粉を混ぜよく摺り，味噌汁の中へ摺りながら流し込む．
15	おしとうふ	豆腐を布に包み板上で押しをかけ，水を絞り醤油と酒で煮て小さく切る．
16	砂子とうふ	豆腐を摺り卵白を加え板に延ばし，卵黄を塗り蒸して方形に切る．
17	ぶっかけ饂飩とうふ	豆腐をうどん状に切り湯で煮た後，醤油，花かつお，大根おろし，葱白根で．
18	しき味噌とうふ	器にワサビ味噌を敷き花かつおを置き，おぼろ豆腐を湯で煮て盛る．
19	ヒリョウズ	豆腐を摺り葛粉を入れ，牛蒡，銀杏を油で炒り麻の実を混ぜ油で揚げる．
20	濃醤	豆腐を4つ切りし，山椒粉の上にこんもりと花かつおを置き，醤油で．
21	ふわふわとうふ	鶏卵と豆腐の等量を混ぜ摺って煮，胡椒をかける．
22	松重とうふ	器に海苔を敷き，摺り豆腐に卵白身を入れ，海苔を延ばして蒸す．
23	梨とうふ	青干し菜を火で炙り摺り豆腐と練り，丸めて布に包んで茹でる．
24	墨染とうふ	「梨とうふ」と同じで青干し菜の代わりに炙った昆布粉を使う．
25	よせとうふ	おぼろ豆腐を手ごろの大きさに丸め美濃紙で包み湯でさっと煮る．
26	鶏卵とうふ	豆腐と葛粉を摺り，煮た人参で包み竹の皮を巻いて湯で煮て切る．

おもしろい.

　このジャンルでは豆腐の前処理として"摺(す)る"ことがあげられ, No. 8, 14, 16, 21, 22, 23, 24 および 26 と 8 種類を数える. 現在では味噌汁の具などに包丁で切って使われるのが一般的であるが, 江戸時代では切る以外に, 摺って豆腐の形をなくして調理することが頻繁におこなわれていたことを物語っている.

3. 通　　品

　通品10種類を表2.2にまとめて示す. 読み方が難しいものとしては, 炙(やき)とうふ, 軟(おぼろ)とうふ, 青豆(あおまめ)とうふがある. このジャンルの豆腐料理は現在でも豆腐食品として市販されているものが多い. 焼き豆腐, 油揚げ, おぼろ豆腐, 絹ごし豆腐である. また, No. 33の青豆とうふは豆腐の生地にグリーンピースを入れて凝固させるもので, 現在でも健康志向と相まって人気が出てきそうな豆腐である.

4. 佳　　品

　佳品20種類を表2.3に示す. 読み方が難しい料理としては, 苞(つと)とうふ, 浅茅(あさじ)でんがく, 雲丹(うに)でんがく, 砕(くだき)とうふ,

表2.2　豆腐百珍(通品)の料理名と作り方

No.	料　理　名	作　　り　　方
27	炙とうふ	現在の焼き豆腐と同じもの.
28	油揚とうふ	現在の油揚げと同じもの.
29	軟とうふ	豆腐製造途中の未だよく固まっていない豆腐.
30	絹ごしとうふ	現在の絹ごし豆腐と同じもの.
31	油揚でんがく	豆腐を油で中位に揚げ串に刺して味噌をつける.
32	ちくわとうふ	豆腐を竹に塗り焼き, 棒を抜き輪切りにし吸物の具で.
33	青豆とうふ	豆腐が完全に固まる前にグリーンピースを入れる.
34	やっことうふ	普通は絹ごし豆腐を使う.
35	葛でんがく	豆腐を田楽用に切り串に刺し焼いて葛あんをのせる.
36	赤みそのしき味噌とうふ	赤味噌を摺って生の豆腐にかけて食べる.

第 2 部　第 2 章　日本の豆腐食文化―豆腐百珍

表 2.3　豆腐百珍（佳品）の料理名と作り方

No.	料理名	作り方
37	なじみとうふ	白味噌を酒で延ばし，豆腐を浸し煮，葱白根，唐辛子，大根おろしを添える．
38	苞とうふ	豆腐と甘酒を摺り，竹の箸で巻き蒸してから切る．
39	今出川とうふ	鍋に昆布を敷き鰹だしと酒で豆腐を煮，醤油で味付け，葛とクルミをかける．
40	一種の黄檗とうふ	豆腐を金網に入れ油で揚げ，薄醤油と酒を煮た鍋でさらに煮る．
41	青海とうふ	絹ごしを適当に切り葛湯で煮，煮返し醤油を加えて青海苔粉をふりかける．
42	浅茅でんがく	豆腐を薄醤油でつけ焼きし，梅味噌を塗って炒り芥子をふりかける．
43	雲丹でんがく	ウニを酒でとき，田楽のたれとして用いる．
44	雲かけとうふ	豆腐を適当な大きさに切り，もち粉をまぶして蒸し，ワサビ味噌をかける．
45	線麺とうふ	摺り豆腐と卵白を美濃紙上で薄く延ばし沸騰湯をかけ細切り，好みの味で．
46	しべとうふ	「線麺とうふ」の豆腐を焼き鍋の上で転がして焼く．
47	いもかけとうふ	鰹だし汁に醤油，塩を沸かせ，摺り山芋を入れ膨れあがったらあげる．
48	砕とうふ	豆腐を崩し油中で等量のみじん切り青菜を混ぜ醤油で味付けする．
49	備後とうふ	豆腐を焼き酒で煮て，醤油で味付けし花かつお，大根おろしを添える．
50	小竹葉とうふ	焼き豆腐を崩し醤油で味付けし，卵とじの中に混ぜ山椒の粉をふりかける．
51	引ずりとうふ	適当な大きさの豆腐を葛湯で煮，すくって器に盛りワサビ味噌を塗る．
52	うづみとうふ	「しき味噌とうふ」「備後とうふ」「木の芽でんがく」の上に湯とり飯をよそう．
53	釈迦とうふ	豆腐を賽の目にしザルを使い角を取り，葛をまぶし油で揚げ，味は好みで．
54	撫子とうふ	豆腐に青味噌をかけ，しょこ（ヤマイモのくず）と唐辛子を振りかける．
55	砂金とうふ	丸揚げ豆腐の一方に鴨，キクラゲ，溶き卵を詰め，昆布で結び酒煮，山椒で．
56	叩とうふ	焼き豆腐とふくさ味噌を 7：3 で混ぜ，丸めて油でさっと揚げ，好みの味で．

小竹葉（おささ）とうふ，撫子（なでしこ）とうふ，砂金（しゃきん）とうふ，叩（たたき）とうふがある．うどん状のメニューとして No. 45, 46 の 2 種類がみられ，特殊な作り方をするものとして雲丹でんがく（No. 43），小竹葉とうふ（No. 50），うづみとうふ（No. 52），砂金とうふ（No. 55）があげられる．

5.　奇　　品

奇品 19 種類を表 2.4 にまとめる．読みが難解な料理としては，蜆（しじみ）もどき，玲瓏（こおり）とうふ，茶礼（されい）とうふ，縮緬（ちりめん）とうふ，焙炉（ほいろ）とうふ，冬至夜（とうや）とうふがある．ここでも田楽としてのメニューが No. 59, 60, 61 の 3 品種みられ，相変わらず田楽の人気が高い．その他の特徴あるメニューとしては，蜆もどき（No. 57），小倉とうふ（No. 66），縮緬とうふ（No. 67）がある．

― 142 ―

6. 妙　　品

表 2.4　豆腐百珍（奇品）の料理名と作り方

No.	料理名	作り方
57	蜆もどき	豆腐をトロ火で煮，水を何度も除き，ボロボロの蜆状にし油で揚げ山椒を添える．
58	玲瓏とうふ	寒天を煮詰めた湯で豆腐を煮，冷ます．
59	精進の雲丹でんがく	麹，みりん，醤油の等量を混ぜ，赤唐辛子粉を合わせ，田楽につけて食べる．
60	繭でんがく	餅を花びら状に薄く延ばし炙り，山椒味噌のつけ焼きにした田楽をこれで包む．
61	蓑でんがく	辛味を控えた味噌を豆腐に塗り，花かつおをかける．
62	六方焼目とうふ	豆腐を4つ切りし，この上下を油を引いた鍋で焼き，好みの味付けで．
63	茶礼とうふ	豆腐を5つ切りし，鍋に笹とふくさ味噌を2,3段敷き，豆腐を盛り山椒を添える．
64	粕いりとうふ	摺り豆腐と酒を混ぜ，魚切身，栗，キクラゲなどの加薬を入れ煮る．
65	鮎もどき	豆腐を棒状に切り油で揚げ，たで酢をかけて食べる．
66	小倉とうふ	海苔をほぐし豆腐を摺り混ぜ板上に延ばし，方形か短冊に切り，味は好みで．
67	縮緬とうふ	ところ天突き出し器で豆腐を切り，茶碗蒸しとし，葛あんをかけワサビを添える．
68	角ヒリョウズ	ヒリョウズを入れた箱の底を湯に浸して蒸し，豆腐を適当に切り，ごま油で揚げる．
69	焙炉とうふ	「おしとうふ」を細く切り醤油で薄味を付け，板上に広げ乾かし焙炉にかける．
70	鹿の子とうふ	摺り豆腐と煮た小豆を混ぜ適当な大きさに丸めて蒸し，味付けは好みで．
71	うつしとうふ	鯛切身と賽の目の豆腐を湯で煮，煮上がると豆腐だけを生姜醤油，柚で．
72	冬至夜とうふ	豆腐の四方と四角を落とし八角にし1.5cm厚に切り，酒と醤油で煮，白胡麻で．
73	味噌漬とうふ	「おしとうふ」を美濃紙に包み，味噌に一夜漬けし，好みの味で．
74	とうふ麺	青菜と崩し豆腐の等量を油で炒め水で煮，茹そうめんと豆腐を合わせ醤油で．
75	蓮根とうふ	おろし蓮根と水切り豆腐の等量を混ぜ，適当な大きさで美濃紙に包み煮る．

6.　妙　　品

妙品18種類を表2.5に示す．読みの難解な料理名としては，交趾（こうち）でんがく，阿漕（あこぎ）でんがく，空蝉（うつせみ）とうふがあげられる．ここでも田楽としての食べ方が多く4品種（No. 76, 78, 79, 80）がみられる．その他で特徴のあるものとして，茶とうふ（No. 82），空蝉とうふ（No. 89），海老とうふ（No. 90）がある．

表 2.5 豆腐百珍（妙品）の料理名と作り方

No.	料理名	作り方
76	光悦とうふ	布目を落とした豆腐を田楽とし塩をまぶしキツネ色に焼き，酒気飛ぶまで煮る．
77	真のケンチェン	豆腐を12に切り油で揚げ，さらに細かく切る．銀杏，牛蒡，芹を油で炒め，キクラゲ，麩，豆腐，栗を混ぜ，醬油で味付けし冷まし，広げた湯葉を巻きつけ干瓢で巻き油で揚げ，2cm厚に切ってケンチェン酢で．
78	交趾でんがく	豆腐を串に刺し唐辛子味噌を塗り，鍋にごま油をひいて焼く．
79	阿漕でんがく	揚げた豆腐を薄醬油で煮，ごま油で揚げ味噌をつけて焼き，摺り柚で．
80	鶏卵でんがく	卵に醬油と酒と酢を混ぜ，田楽に塗り焼き，芥子とワサビを添える．
81	真の八杯とうふ	水6，酒1，醬油1を煮た中に絹ごしを入れ，浮き寸前にあげ大根おろしで．
82	茶とうふ	豆腐を沸いた茶で茶色になるまで煮，煮返し，薄醬油，花かつお，ワサビで．
83	石焼とうふ	1cm角豆腐を加熱した油入り鍋の中に置き裏返し，大根おろし，醬油で．
84	犂やき	石焼とうふの鍋の代わりに犂（柄が曲がって刃の広いスキ）の先を用いて焼く．
85	炒とうふ	炙った青海苔を盆に広げ，加熱油を落としかき混ぜトロ火にかけ，醬油で．
86	煮抜きとうふ	豆腐を鰹だしに入れトロ火で朝から夕方まで煮，すが入った蒸しパン状とする．
87	精進の煮抜きとうふ	昆布だし汁と山椒で1日中煮て煮抜き豆腐を作る．
88	五目とうふ	豆腐の真ん中まで十文字の切れ目を入れ葛湯で煮，煮た醬油と花かつおを敷いた器に移し，海苔，唐辛子，葱白根，大根おろしを混ぜ合わせる．
89	空蟬とうふ	「蜆もどき」のように豆腐を丸ごとトロ火で煮，出た水を除きこれを繰り返し，ボロボロにし，ごま油，酒，醬油を入れて炒め，卵，かしわ，鯛の身を加え杓子でよく練る．
90	海老とうふ	エビを細かく切り，摺った豆腐と混ぜ，葱白根，大根おろし，ワサビ，摺り山椒を入れ油で炒めて味付けする．
91	カスティラとうふ	酒気なくなるまで煮た豆腐をトロ火で煮，萎んで元より小さくなったら仕上がり．
92	別山焼	温い飯を固めに握り胡椒味噌で包み串に刺して焼き，茶碗に入れ，葛湯で煮たうどん豆腐をすくい，飯の上にたっぷり振りかける．
93	包油揚	豆腐を美濃紙で砂金袋のように包み，板の上に乾いた灰を厚さ1.5cm敷き，さらに乾いた布と紙1枚を重ねた上で豆腐の水気を取り，ごま油で揚げ，皮を剥がして薄醬油，葛で煮，摺りワサビを添える．

7. 絶　　品

絶品7種類を表2.6に示す．ここで読みの難解な料理名には礫（つぶて）でんがく，雪消飯（ゆきげめし）がある．ここでの極めつきは湯やっこ（No. 97）であろう．また，雪消飯（No. 98），真のうどんとうふ（No. 100）もさすがに絶品に分類されるだけの手の込みようである．

8. メニューを全体的にみて

表 2.6 豆腐百珍（絶品）の料理名と作り方

No.	料理名	作り方
94	油揚ながし	豆腐をごま油で揚げ，水中で油気を取り，煮た葛湯の中に入れ，すくってワサビ味噌で．
95	辛味とうふ	豆腐を鰹だし汁と薄醤油で味付けし，おろし生姜を入れだし汁で1日中炊く．
96	礫でんがく	豆腐を3cm角，厚さ1.5cmに切り，串に刺しキツネ色に焼き，芥子酢味噌をかける．
97	湯やっこ	豆腐を3cm賽の目に切り，沸かした葛湯に入れ浮き上がったらすくい器に盛る．煮た醤油に花かつおを入れ煮，葱白根，大根おろし，唐辛子粉で．
98	雪消飯	「真のうどんとうふ」と同様ところ天突き出し器で切り，水6酒1を煮て，醤油1を加えて煮た中に豆腐を入れ，温めた飯茶碗にすくって入れ大根おろしをかけ，湯とり飯をよそう．
99	鞍馬とうふ	2つ切り豆腐を油で揚げ，揚げ皮をむき，湯で煮て梅味噌をかけ芥子や胡麻をかける．
100	真のうどんとうふ	ところ天突き出し器でうどん状にした豆腐を湯が煮立った鍋につけ，それを器にとり，湯を注ぎ，醤油1.8l，油0.54l，だし汁0.9lを煮返したつけ汁に大根おろし，唐辛子，葱白根，ミカン皮，浅草海苔を薬味として添える．

8. メニューを全体的にみて

『豆腐百珍』の中に多く出てくる豆腐メニューとしては，田楽が最も多く，その記載は15料理にものぼる．同様に，うどんの形状で食べるメニューも6種類と多い．これらの2メニューで100種類の豆腐料理の20%を占めている．このような食べ方は現在ではほとんどみられないものであり，江戸時代の庶民がいかに一般的な食事の中に豆腐を浸透させていたかがうかがわれる．

調理に手間のかかるメニューもみられる．煮抜きとうふ，辛味とうふのように1日中煮込んだものや，蜆もどき，空蝉とうふのように豆腐がボロボロになるまで炒めるメニューもみられる．これらのメニューをみると，いかに当時の庶民が豆腐を工夫して食べようとしたかがわかる．

いろいろな具材との取り合わせもおもしろい．『豆腐百珍』に記載のある豆腐の味付けには，味噌，醤油，酢，酒が基本であり，これに薬味として唐辛子，大根おろし，牛蒡（ごぼう），葱（ねぎ），花かつお，生姜（しょうが），芥子（からし），海苔（のり），昆布などが用いられ，豆腐メニューに合わせた味付けとなっている．これらの他に，葛（くず），キクラゲ，卵，山芋も頻繁に使われていたようである．これらの一般的素材も含めて，グリーンピース，蓮根，ウニ，鴨（かも），鯛（たい）も使われている．さらに現在

— 145 —

第 2 部　第 2 章　日本の豆腐食文化―豆腐百珍

では全く想像もつかないようなメニューとして，ご飯，湯葉，そうめんとの組合せまでくると，まさに豆腐は当時の食生活にどっぷりはまり込んだ食材であったろうと推測される．

確かに現在と江戸時代の食材の豊富さを比較すると，現代は比べものにならないほど食材の種類と量は多いであろう．よって，現在では江戸時代ほど食生活の中で豆腐に頼ることはないわけであるが，現代の食生活の乱れに対する危惧や健康志向の高まりの中で，この『豆腐百珍』の情報は，今後の我々の食生活において，豆腐の食べ方，調理の仕方や工夫など，大いに参考にしなければならないことのように思われる．

図 2.1　料理屋で豆腐を切っている風景
（『江戸風俗　都林泉名勝図会』より）

図 2.2　豆腐の販売風景
（『江戸風俗　都林泉名勝図会』より）

第3章　大豆に関するこれまでの研究

1. 従来からの単離精製・変性研究

　大豆種子中には30～50％の蛋白質が含有されている．もちろん含有されている蛋白質は均一な組成をもつものではなく，多くの種類の異種蛋白質の混合物である．大豆からの蛋白質の単離に関しては，1833年マイスルとブロウカーが3種の蛋白質カゼイン，アルブミン，不溶性カゼインを溶解度の差から区別して単離したことを報告したのが最初である．ついで1898年オスボーンおよびキャンベルはグロブリン様蛋白質を単離し，これに初めて「グリシニン」の名称を与えた．

　この頃から植物種子の蛋白質の研究が欧米において盛んになり，アルブミン（水溶性），グロブリン（塩溶液可溶），プロラミン（60％アルコール可溶），グルテリン（アルカリ可溶）など，各種植物種子に特有な蛋白質名として呼ばれる．

　大豆蛋白については，その後主として溶解度の差をもとにした蛋白質の分別，分類および性質について多くの研究者により報告がおこなわれてきたが，蛋白質の分子特性に基づいた純度や特性に関する決め手となる方法が開発されないまま約50年を経過し，この間もっぱら大豆蛋白の抽出，溶解性による分別，食品のほか繊維やグルー（接着剤）など非食品への利用法や，アミノ酸組成に基づく栄養学的価値の判定などに関する実用的な研究が主流となった．これらの研究は現在の蛋白質化学の立場からみると蛋白質の本質に迫るものは少ないが，のちの系統的な研究には大いに役立つものとなった．

　1920～1930年代には旧満州鉄道中央試験所における研究にも注目すべきものが多かった．1950年代の半ばに至って超遠心分離やゲルろ過による分子量測定法，抗原抗体反応を用いる分子種の分離分析法が大豆蛋白の分析にも適

用され，分子レベルでの成分蛋白質の認識，解離会合系の特性把握がおこなわれるようになり，分子量分布による 2S，7S，11S，15S グロブリンの命名や免疫学的特性に基づくグリシニン，$\alpha-$，$\beta-$，$\gamma-$コングリシニンの分類命名などがおこなわれた．さらに，1970年代に入って電気泳動法やイオン交換クロマトグラフィーの利用により，分子種の部分的な分別やサブユニット構造の概念が確立されるようになった．

2. 新しい生体防御機能研究

米国における大豆蛋白に関する研究は，栄養学的研究が1967年から，心臓病については1977年から盛んにおこなわれてきた．一方，癌に関しては1991年，女性の健康に至っては1992年からと緒に就いたばかりであるが，米国食品業界では大豆蛋白への関心が高まっており，機能に関する研究が様々な機関で実施され，次々と臨床データが発表されている．特に，大豆に含まれるフィトケミカルの1つであるイソフラボンについては米国をはじめ世界各国で精力的な研究が行われている．その結果，大豆イソフラボンに関する化学，医学論文の発表数は急激に増え，1995年以降の5年間では年間300報を上回っている．最近ではさらに発表数は増えていると考えられ，今後の進展が期待される．

3. 最近10年の新しい大豆研究動向

3.1 生体防御機能研究
1) 海外の大豆研究

海外において1995年から1998年の4年間に実施された大豆に関する生体防御研究動向を表3.1に示す．文献検索に用いたデータベースはMEDLINE，EMBASE，CAB，FOOD. SCI. & TECH. ABSを中心とした．この中では大豆蛋白・ペプチドおよびイソフラボンを対象にした研究が多くみられる．

最近の生活習慣病の予防に対する関心を反映して，大豆蛋白・ペプチドに関するものが全体97論文のうち36論文みられ，そのうちコレステロール抑

3. 最近10年の新しい大豆研究動向

表 3.1 大豆関連物質と機能性 (1995〜1998年掲載外国論文)

成分	文献数	抗酸化	高コレステロール／動脈硬化／高血圧	糖尿病／腎肥大／血糖値	脳卒中／血栓症	骨密度	免疫機能	肥満	ホルモン代謝	癌				合計	その他
										皮膚癌	肝臓癌	乳癌	一般		
大豆, 大豆食品	16	4		1						1		3	6	10	1
大豆発酵食品	4	1	2									1		1	
大豆蛋白	32	2	22	2	1			1				1	2	3	1
ペプチド	4	4													
イソフラボン	30	6	3			1	1		1	1	1	6	8	16	2
サポニン	3												3	3	
リポキシゲナーゼ	1	1													
トリプシンインヒビター	3			1									2	2	
ステロール	2												1	1	1
アントシアニン	1												1	1	
ホスファチジルコリン	1	1													
合　計	97	19	27	4	1	1	1	1	1					37	5

— 149 —

制,動脈硬化,高血圧に関する研究が22論文で約60%を占めている.次にイソフラボンも30論文と多く,そのうち癌に関するものが16論文（53%）と半分以上を占め,その他では抗酸化に関する研究が多い.イソフラボンの癌研究では,この物質が女性ホルモンと構造が類似することから,乳癌が半分近くを占めていることが特徴である.

2) 国内の大豆研究

海外の大豆研究に対して,筆者が調査した大豆の三次機能である生体防御機能性研究[38]に関する1996年から1998年の3年間の国内研究情報を表3.2に示す.国内の論文検索データベースはMEDICINE, JAFIC, FSTAを中心とした.この表が示すように,全体78論文のうち大豆蛋白・ペプチドに関するものが37論文と最も多く,その内訳は癌関連が11論文（30%）,高コレステロール,動脈硬化,高血圧予防が10論文（27%）,抗酸化は7論文（19%）であり,これら3つを合わせると76%を占めた.

次に,イソフラボンと大豆発酵食品がそれぞれ12論文と多かった.大豆発酵食品では8論文（67%）が抗酸化に関するもので,納豆を中心とした機能性研究となっており,表3.1に示した海外の論文中には大豆発酵食品が4論文しかなかったことを考えれば,大豆発酵食品を対象とした研究は日本独特のものといえよう.イソフラボンの場合は7論文（58%）が癌に関するものであり,これは表3.1に示した海外の論文とほぼ同じ比率を占めている.国内研究でもイソフラボンの研究は乳癌に関するものが多く海外の場合と同じ傾向を示している.

国内研究では大豆蛋白・ペプチドを対象とした研究が他の大豆関連素材を圧倒しており,一方,海外の研究は大豆蛋白・ペプチドとイソフラボンの両者が特に多く,少し傾向が異なっている.

3.2 物理化学的機能研究

大豆蛋白のもつ物理化学的機能性は昔から研究対象となってきた.食品の食感,歯ごたえ,なめらかさ,味・風味,香りなどの品質に関与する点で,現在のこの分野での研究動向にも関心がもたれる.物理化学的機能検索のデータベースは前に述べた生体防御機能検索と同じであり,表3.3には国内およ

3. 最近10年の新しい大豆研究動向

表 3.2　大豆関連物質と機能性（1996～1998年掲載国内論文）

成分	文献数	抗酸化	高コレステロール・動脈硬化・高血圧	糖尿病・腎肥大・血糖値	脳卒中・血栓症	骨密度	免疫機能	肥満	ホルモン代謝	癌（皮膚癌）	癌（肝臓癌）	癌（乳癌）	癌（一般）	合計	その他
大豆, 大豆食品	4	2			1					1				1	
大豆発酵食品	12	8	1								1			1	2
大豆蛋白	28	1	10	3	3			3		1	3	2	2	8	
ペプチド	9	6									1			3	
イソフラボン	12	3	1	1	1					1	1	3	3	7	
サポニン	6	3									2		1	3	
リポキシゲナーゼ	3	1								1	2			1	
トリプシンインヒビター	1									1				1	1
ステロール	1												1	1	
アントシアニン	1	1										1		1	
ホスファチジルコリン	1												1	1	
合計	78	25	12	3	5		3	3						27	3

表 3.3　大豆関連物質の物理化学的性質の改変に関する研究動向（1990～1998年掲載論文）

成分	文献数	分子構造変性	溶解性	消化性	ゲル化	粘性	乳化性	起泡性	保水性	凝集凝固	フィルム形成性	接着性	アレルギー	フレーバー・大豆臭	食品利用	品種改良
大豆	9		1				1							2	2	
脱脂大豆・大豆粉	6			1			2							1	3	3
濃縮大豆蛋白	5	1	1		1										2	
分離大豆蛋白	192	43	19		51	3	33	1	10	4	4	2	2	3	20	3
豆乳	9	1			3	1	1							3	1	
豆腐	1				1											
合計	222	45	21		56		37	1	10	4	4	2	2	9	28	3

び海外論文を示した．検索年は1990年から1998年の9年間である．

この表より，研究の対象素材は分離大豆蛋白が圧倒的に多く，全体222論文のうち192論文と大半を占めている．この大豆蛋白・ペプチド対象の192論文の中では，分子構造解析・変性に関する蛋白質分子レベルでの研究論文が43論文と高いことは当然として，これよりもゲル化に関する研究が51論文と多く，乳化に関する研究も33論文と多い．豆腐を対象とした文献では添田ら[39]による蛋白質間架橋重合化酵素による歯ごたえの改質がある．

今から30～40年前までは，大豆蛋白の物理化学分野の研究では半分以上が蛋白質のサブユニット成分に関する分子構造を取り扱ったものであったと思われるが，最近ではゲル化性や乳化性の改善はもとより，食品への利用研究の20論文を含めると，どちらかというと分子構造研究から食品特性改善へのシフトが強いようである．

引用文献

1) 木嶋弘倫：ニューフードインダストリー，**45**（8），10-13（2003）
2) 食品流通情報センター編集・発行：食生活データ総合統計年報，1990年版～2001年版．
3) 添田孝彦：価格反映は大豆選択の影響大，大豆と技術，10月号（秋季号），62-68（2003）
4) 添田孝彦：全国調査からみた豆腐の意識と実態，ニューフードインダストリー，**45**（8），1-9（2003）
5) 原田春樹：大豆と技術，10月号（秋季号），14-19（2003）
6) 佐藤俊一：全国逸品豆腐，小学館（1997）
7) 別冊サライ大特集　豆腐，小学館（2000）
8) 市野尚子，竹井恵美子：論集・東アジアの食事文化，石毛直道編，p.117-147，平凡社（1985）
9) 大竹蓉子，新開静香，木下伊規子：沖縄の食文化—海水を凝固剤とした豆腐の製造方法，目白学園女子短期大学研究紀要，**30**，123-132（1993）
10) 米田寿子：市販木綿豆腐の価格と品質調査，九州女子大学紀要，**21**，189-196（1986）
11) 古賀民穂，山口忠次，海野喜代子，大野加代子，門田鞆子：地域加工食品の性状について，中村学園研究紀要，**7**，139-146（1975）
12) 辻　政雄，小宮山美弘：県内豆腐の品質調査，山梨県食品工業指導所研究報告，**16**，71-80（1984）
13) 近　雅代：静岡県内市販食品の化学成分について，静岡県立大学研究紀要，**12**，1-14（1978）
14) 添田孝彦，山崎勝利：沖縄および関東地方の木綿豆腐の地域性，日本食生活学会誌，**12**（4），354-360（2002）
15) 添田孝彦，山崎勝利：中部地方の木綿豆腐の地域性，日本調理科学会誌，**36**（3），266-273（2003）
16) 添田孝彦，山崎勝利：中部地方を除く日本各地の木綿豆腐の地域性，日本調理科学会誌，**37**（2），215-223（2004）

引用文献

17) 添田孝彦：市販木綿豆腐の原料・製法・品質に関する地域調査，ニューフードインダストリー，**46** (3), 55-63 (2004)
18) 食品流通情報センター編集・発行：食生活データ総合統計年報, 2002年版, p.77 (2002)
19) 食品流通情報センター編集・発行：食生活データ総合統計年報, 1998〜1999年版, p.311 (1998)
20) 科学技術庁資源調査会編：五訂日本食品標準成分表, p.62, 大蔵省印刷局 (2000)
21) 外間ゆきら：食品と料理，沖縄の味，ニライ社 (1989)
22) 渡慶次富子, 吉本ナナ子：沖縄家庭料理入門，農文協 (2000)
23) 尚　弘子：沖縄独特の食材と長寿，ニューフードインダストリー，**45** (8), 31-35 (2003)
24) 添田孝彦：国内の豆腐製造時に用いられる用語に関する調査，日本調理科学会誌, **37** (1), 77-86 (2004)
25) 添田孝彦：豆腐製造時に使われる用語・呼称に関する調査，ニューフードインダストリー，**46** (4), 17-24 (2004)
26) 添田孝彦：市販木綿豆腐の包装ラベルにみる表現文字に関する調査，日本調理科学会誌, **37** (1), 87-92 (2004)
27) 食品流通情報センター編集・発行：食生活データ総合統計年報, 2000年版, p.360 (2000)
28) 石川　伸：マルチ食材へ大豆製品の可能性，フードジャーナル　秋季号大豆と技術, 33-36 (2003)
29) TOFUHOUSE そい美：物販プラスイートインで300万円（月商），フードジャーナル　秋季号大豆と技術, 48-51 (2003)
30) 添田孝彦：大豆食品（豆腐・納豆・味噌・醤油など）の起源と製法，食品と容器, **43**, 552-555 (2002)
31) 袁　翰青：飲食史林，飲食史林刊行会 (1956)
32) 篠田　統：豆腐考，風俗，**8** (1), 38-45 (1924)
33) 山内文男, 大久保一良：大豆の科学，朝倉書店 (1992)
34) 阿部孤柳：豆腐百珍，真秀書林 (1971)
35) 渡辺篤二：やさしい豆腐の科学，フードジャーナル社 (1996)
36) 相田　浩, 上田誠之助, 村田希久, 渡辺忠雄共編：アジアの無塩発酵大豆食品―アジア無塩発酵大豆食品会議 '85 講演集, STEP, 茨城 (1986)
37) 李　時珍：頭註・国訳本草綱目，白井光太郎監修 (1929-34)

引用文献

38) 添田孝彦：大豆の起源とその機能, 食品と容器, **43**, 484-491（2002）
39) 添田孝彦, 石井智穂, 山崎勝利, 村瀬和良：豆腐物性におよぼすトランスグルタミナーゼの影響, 日本食品科学工学会誌, **42**, 254-261（1995）

あ と が き

　1969年に味の素株式会社に入社し，幸運にも蛋白研究室配属となった．大学時代にレオロジーについて関心を持っていたので，レオロジーと関連の深い高分子化学領域にある大豆蛋白質や澱粉研究の研究室が希望であった．これらの天然高分子の高付加価値化は将来の食生活にとって重要な領域であり，特に，大豆蛋白質はエネルギー源および栄養源としてはもとより，物理化学的機能としてのゲル形成能，乳化性，起泡性など食品工業にとって重要な機能をもつ重要な食品素材として考えられていた．入社した年の4月から私にとっての大豆蛋白研究が始まった．蛋白研究室は大豆を製油工場で搾油した後の脱脂大豆の有効利用を目的として，蛋白質の物理化学的機能改質研究が推進されており，その陣頭指揮を元大妻女子大学青木宏教授がとっておられた．私の大豆蛋白質との付き合いはその後15年にわたって続き，この間大豆蛋白質のゲル物性を中心とした基礎研究，開発研究および商品企画まで大豆蛋白事業の枠の中で研究開発の川上から消費者に近い川下に至る広範囲な仕事をさせていただいた．

　その後，微生物起源トランスグルタミナーゼの研究開発を1984年から約15年間おこない，最終的に世界で初めての微生物を用いた発酵法による食品用酵素の商品化を成し遂げた．本酵素は水産加工品，畜肉練り製品，製パン加工品および乳製品など蛋白質を含む多岐な食品に対しての応用研究が押し進められ，日本から発信した食品用酵素が現在海外でも浸透しつつあるのは感慨深い．微生物起源トランスグルタミナーゼの商品化に向けた安全性試験，食品利用データ，特許戦略などの環境整備も整い，販売も順調になったところで，再び大豆蛋白質研究の夢が忘れられず，2000年に豆腐の全国調査に踏み切った．

　米国を中心として医療にかかる費用軽減から，糖尿病および高血圧などの

あとがき

　生活習慣病予防のため健全な食生活を送ることが求められている．このような背景は米国のみならず日本も含めた世界の先進国でみられる傾向にあり，そのような背景の中にあって，味・風味や歯ごたえとも実にすばらしい技術に培われた豆腐を，我々がもっと摂取することによって健康を維持することが世界的に期待されているといっても過言ではない．そのため，さらなる豆腐の普及を目的として，現在市販されている豆腐の原材料，製法および品質に関する調査をおこなってきたが，それは将来の大豆蛋白食品の摂取に少しでも役立つことを期待するためである．

　永きにわたり大豆蛋白質研究においてご指導を頂いた元食品総合研究所長・渡辺篤二博士，元都立食品技術センター所長・齋尾恭子博士，元大妻女子大学教授・青木宏博士ならびに九州大学名誉教授・大村浩久博士に心から感謝の意を表したい．

添　田　孝　彦

著者概略

添田　孝彦（そえだ　たかひこ）

〈経　　歴〉
昭和19年	福岡県粕屋郡に生まれる．
昭和44年	九州大学農学部食糧化学工学科卒業．
同　　年	味の素株式会社入社，中央研究所にて大豆蛋白の開発研究に従事．
平成63年	トランスグルタミナーゼ開発研究に従事．
平成10年	本社食品開発部異動．
平成12年	味の素食の文化センター異動．
平成15年	科学技術振興機構に出向．
平成16年	九州共立大学　教授
	現在に至る．

〈資　　格〉
昭和63年	農学博士（大蛋白質の冷蔵ゲル化研究により九州大学より）．
平成10年	技術士（農学部門）．

〈受　　賞〉
平成7年	日本の有為芸化学会技術賞．
	（トランスグルタミナーゼの有用性研究）．
平成11年	日本食品科学工学会技術賞
	（大豆蛋白質の冷蔵ゲル化）．

日本のもめん豆腐

2004年11月30日　初版第1刷発行

著　者　添田孝彦

発行者　桑野和章

発行所　株式会社　幸書房

〒101-0051　東京都千代田区神田神保町1-25
phone 03-3292-3061　fax 03-3292-3064
URL：http://www.saiwaishobo.co.jp

Printed in Japan Ⓒ 2004

倉敷印刷

本書を引用，転載する場合は必ず出所を明記して下さい．
万一，乱丁，落丁がございましたらご連絡下さい．お取替えいたします．

ISBN 4-7821-0248-8　C-3058

食品特許にみる
配合・製造フロー集

■ 佐藤正忠・中江利昭・中山正夫 著
・B6判　313頁　定価2854円（本体2718円）送料290円

食品特許から加工食品の配合・製造フローをとりだし開発のポイントを指摘。全155項目
・ISBN4-7821-0131-7 C3058　1995年刊

特許にみる
食品開発のヒント集

■ 中山正夫 著
・B6判　380頁　定価2039円（本体1942円）送料290円

食品の開発・製造に関する特許出願の中から実際面に役立つアイデアを選びだし，分野別に整理，解説した。
・ISBN4-7821-0093-0 C3058　1989年刊

特許にみる
食品開発のヒント集 Part2

■ 中山正夫 著
・B6判　256頁　定価2345円（本体2233円）送料290円

上記の続編。平成2年までの特許出願から選び出した最新のアイデアを紹介。
・ISBN4-7821-0124-4 C3058　1994年刊

特許にみる
食品開発のヒント集 Part3

■ 中山正夫 著
・B6判　272頁　定価2520円（本体2400円）送料290円

好評シリーズの第3弾。時代を反映して保存性や機能性，飼料・餌や廃棄物利用など全155項目。
・ISBN4-7821-0176-7 C3058　2000年刊

食品開発の進め方

■ 岩田直樹 著
・四六判　215頁　定価2415円（本体2300円）送料290円

食品開発に必要な市場調査，食品のカテゴリー，コンセプト，試作，レシピ，包装，量産を分かり易く解説した。
・ISBN4-7821-0211-9　C3058　2002年刊

食品加工　活用術

■ 中山正夫 編著
・四六判　209頁　定価2415円（本体2300円）送料290円

食品製造に関わる食品化学の様々な反応の実際的な解説と，それを上手に利用する仕方を多面的に展開した好書。
・ISBN4-7821-0231-3　C3058　2003年刊

漬　物　学
－その化学と製造技術－

■ 前田安彦 著
・Ａ５判　371頁　定価6300円（本体6000円）送料340円

減塩，浅漬け，原材料野菜の輸入の増加など大きく変化した漬物製造の実際とその化学的変化・品質保持を解説。
・ISBN4-7821-0218-6　C3058　2002年刊

中国の豆類発酵食品

■ 伊藤　寛・菊池修平 編著
・Ａ５判　283頁　定価6615円（本体6300円）送料340円

中国の多種類の納豆，醤油，発酵豆腐やその製造方法，関与する細菌・カビを紹介した本邦初の専門書。
・ISBN4-7821-0226-7　C3058　2003年刊

食品油脂の科学

■ 新谷　勲 著
- Ａ５判　328頁　定価5586円（本体5320円）送料340円

マーガリン，ショートニング，ハードバターなどの栄養と性状，結晶の性質，応用分析について詳述。

- ISBN4-7821-0097-3 C3058　1992年刊

（2002年一部改訂）
レトルト食品の基礎と応用

■ 清水　潮・横山理雄 著
- Ａ５判　294頁　定価5040円（本体4800円）送料340円

微生物の殺菌理論，包装材料や包装技術および各種レトルト食品製造の実際。ＰＬ対策をもり込んだ。

- ISBN4-7821-0202-X C3058　1995年刊

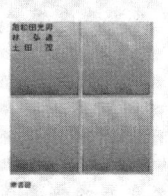

乾燥食品の基礎と応用

■ 亀和田光男・林　弘通・土田　茂 編著
- Ａ５判　310頁　定価4935円（本体4700円）送料340円

最新の食品乾燥技術を，基礎理論を折りまぜながら，野菜，果実，コーヒーなどに品目の実際を示した。

- ISBN4-7821-0150-3 C3058　1997年刊

食品コロイド入門

■ Eric Dickinson 著　西成勝好 監訳
- Ａ５判　240頁　定価5040円（本体4800円）送料340円

コロイドの構造等の基礎から界面活性剤，レオロジー，エマルション，泡，液界面のタンパク質，分散を収録。

- ISBN4-7821-0159-7 C3058　1998年刊

新調理システム クックチル入門

■ 廣瀬喜久子・日本食環境研究所 編
・A5判　154頁　定価2520円（本体2400円）送料290円

クックチルの基本的な特徴と効果，システム導入までのプロセスおよび対応メニューをとりあげ解説。
・ISBN4-7821-0154-1 C2077　1998年刊

スパイス調味事典

■ 武政三男・園田ヒロ子 著
・四六判　308頁　定価2940円（本体2800円）送料290円

スパイスの知識を豊富な図表でわかり易く解説。スパイス別料理のレシピも収録したスパイス本。
・ISBN4-7821-0148-1 C2577　1997年刊

豆の事典
ーその加工と利用ー

■ 渡辺篤二 編
・四六判　238頁　定価2520円（本体2400円）送料290円

小豆，インゲン，エンドウ，ソラマメ，ダイズなどの豆の知識とそれらの食への利用を紹介した。
・ISBN4-7821-0172-4 C3058　2000年刊

米の事典
ー稲作からゲノムまでー

■ 石谷孝介 編著
・四六判　246頁　定価2520円（本体2400円）送料290円

機械化・省力化を遂げた米作りと流通，新顔の米，米飯，加工，そしてゲノム解析の最先端までを紹介した。
・ISBN4-7821-0207-0　C3061　2002年刊